风力发电机
润滑与液压系统研究

胡学超　著

吉林科学技术出版社

图书在版编目（CIP）数据

风力发电机润滑与液压系统研究 / 胡学超著 . -- 长春：吉林科学技术出版社，2021.7

ISBN 978-7-5578-8391-1

Ⅰ．①风… Ⅱ．①胡… Ⅲ．①风力发电机－润滑系统－研究②风力发电机－液压系统－研究 Ⅳ．① TM315

中国版本图书馆 CIP 数据核字 (2021) 第 135483 号

风力发电机润滑与液压系统研究

著	胡学超
出 版 人	宛 霞
责任编辑	汤 洁
封面设计	李 宝
制 版	宝莲洪图
幅面尺寸	185mm×260mm
开 本	16
字 数	250 千字
印 张	11.5
印 数	1-1500 册
版 次	2021年7月第1版
印 次	2022年1月第2次印刷
出 版	吉林科学技术出版社
发 行	吉林科学技术出版社
地 址	长春净月区福祉大路 5788 号出版大厦 A 座
邮 编	130118

发行部电话 / 传真　0431—81629529　　81629530　　81629531
81629532　　81629533　　81629534

储运部电话　0431—86059116

编辑部电话　0431—81629520

印 刷	保定市铭泰达印刷有限公司
书 号	ISBN 978-7-5578-8391-1
定 价	50.00 元

前　言

液压技术本身具有独特的优势，在制造业、能源工程、现代农业、交通运输与物流工程、冶金工程、航天与航空技术、海洋技术、军事装备、国防工程等领域获得了广泛应用，成为工业、农业、国防和科学技术现代化进程中不可替代的一项重要基础技术，也是当代工程师应掌握的重要基础知识之一。近年来，国内众多领域每年都急需大量液压技术人才。

在现代工业中，随着对液压机械设备的性能要求以及机电液一体化程度的不断提高，对液压元件、控制系统的性能等提出了更高的要求，设计方法也从以完成设备工作循环和满足静态特性为目的的传统设计方法向满足动态性能等要求的现代设计方法转变。

尽管 21 世纪液压传动面临着来自电气传动及控制技术的新竞争和绿色环保的新挑战，但液压传动在拖动负载能力及操纵控制方面较其他传动方式具有显著优势，因而其应用几乎无处不在，且可以预料液压传动技术将在当前及今后的人工智能、工业互联网、"互联网 +"等先进制造业发展中，作为大功率机械设备的主要传动控制手段和快速响应的工业机器人及电液伺服装置等高端机械设备的末端执行器，仍将发挥不可替代的巨大作用。为了适应当代液压传动的工业生产机械及施工作业机械在智能化、自动化、绿色化及安全可靠方面的日益提高的要求，液压系统日趋复杂，往往是一个将光、机、电、液、气等融在一起的复合体，加之液压介质和液压元件的零件工作在封闭的腔体及管路系统内，出现故障具有隐蔽性、多样性、随机性和因果关系复杂性等特点，在出现故障后不易确定原因和排除，易导致主机受损，产品质量下降，生产线或作业机械瘫痪，甚者还会危及操作使用者人身安全，造成环境污染，带来巨大经济损失。如何通过正确的思路与方法快速准确查明产生故障的原因并排除，保证液压元件与系统及其驱动的主机正常运行，是当代液压从业人员非常重视且亟待解决的重要课题。

编写本书的主要目的就是为液压元件与系统的故障排除提供正确思路、方案及科学合理且可操作性强的实用方法与技巧，并提供不同行业机械设备的液压元件与系统有实用价值的故障排除工程实际典型案例，以提高相关人员的液压排障能力和水平，从而提升液压技术的应用质量、水平和效益。

目 录

第一章 风力机的基础理论 ··· 1

    第一节 风力机的能量转换过程 ·· 1

    第二节 桨叶的几何参数和空气动力特性 ·································· 5

    第三节 风轮的气动力学 ·· 10

    第四节 简化的风力机理论 ·· 12

    第五节 涡流理论 ·· 15

第二章 风电机组的特性分析 ·· 23

    第一节 风电机组的基本特性 ·· 23

    第二节 传动系统的动态特性 ·· 32

    第三节 发电机及变流器的特性 ·· 33

第三章 风力发电系统及其互补系统 ······································· 42

    第一节 风力发电系统 ·· 42

    第二节 互补发电系统 ·· 46

第四章 逆变器与并网逆变器 ·· 50

    第一节 逆变器、逆变器的组成和工作原理 ······························ 50

    第二节 逆变器的分类 ·· 51

    第三节 逆变器的主要电路原理 ·· 57

    第四节 逆变器的基本特性参数 ·· 60

    第五节 逆变器的选择与使用 ·· 63

第五章 风力发电机润滑系统 ·· 71

    第一节 摩擦学基础 ·· 71

    第二节 润滑设备常见故障 ·· 82

第三节　风机齿轮 ··· 92

第四节　风力发电机齿轮润滑油及监测 ······················· 106

第六章　液压元件与系统设计 ··· 117

第一节　液压缸设计 ··· 117

第二节　液压集成块设计 ··· 124

第三节　液压系统设计 ·· 130

第七章　液压基本回路与调速系统 ····································· 138

第一节　压力控制回路 ·· 138

第二节　方向控制回路 ·· 141

第三节　调速回路 ··· 142

第四节　快速运动回路 ·· 149

第八章　液压故障诊断技术概论 ·· 151

第一节　液压故障及其诊断的定义 ··································· 152

第二节　液压故障诊断排除应具备的条件 ························ 152

第三节　液压系统故障分类 ··· 153

第四节　液压系统的故障特点及故障征兆 ························ 154

第五节　液压系统的故障诊断排除策略及一般步骤 ·········· 155

第六节　液压系统故障诊断常用方法 ······························ 157

第七节　液压系统故障现场快速诊断仪器 ························ 162

第八节　液压元件故障诊断与维修中拆解时的一般注意事项 ··· 165

第九章　液压共性故障诊断排除方法 ································· 166

第一节　液压油液的污染及其控制 ··································· 166

第二节　液压元件常见故障及其诊断排除方法 ················· 169

第三节　液压系统共性故障及其诊断排除方法 ················· 173

参考文献 ··· 177

第一章　风力机的基础理论

第一节　风力机的能量转换过程

一、风能的计算

由流体力学可知，气流的动能为

$$E = \frac{1}{2}mv^2$$

式中 m ——气体的质量；

v ——气体的速度。

设单位时间内气流流过截面积为 S 的气体的体积为 L ，则

$$L = Sv \tag{1-1}$$

如果以 ρ 表示空气密度，则该体积的空气质量为

$$m = \rho L = \rho Sv$$

这时气流所具有的动能为

$$E = \frac{1}{2}\rho Sv^3 \tag{1-2}$$

上式即为风能的表达式。在国际单位制中， ρ 的单位是 kg/m³， L 的单位是 m³， v 的单位是 m/s， E 的单位是 W 。

从风能公式可以看出，风能的大小与气流密度和通过的面积成正比，与气流速度的三次方成正比。其中 ρ 和 v 随地理位置、海拔、地形等因素而变。

二、自由流场中的风轮

风力机的第一个气动理论是由德国的 Betz 于 1926 年建立的。

Betz 假定风轮是理想的，即它没有轮毂，具有无限多的叶片，气流通过风轮时没有阻

力；此外，假定气流经过整个风轮扫掠面时是均匀的；并且，气流通过风轮前后的速度为轴向方向。

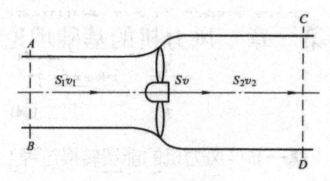

图 1-1 风轮的气流图

现研究一理想风轮在流动的大气中的情况（见图 1-1），并规定：

v_1——距离风力机一定距离的上游风速；

v——通过风轮时的实际风速；

v_2——离风轮远处的下游风速。

设通过风轮的气流其上游截面为 S_1，下游截面为 S_2。由于风轮的机械能量仅由空气的动能降低所致，因而 v_2 必然低于 v_1，所以通过风轮的气流截面积从上游至下游是增加的，即 S_2 大于 S_1。

如果假定空气是不可压缩的，由连续条件可得

$$S_1 v_1 = Sv = S_2 v_2$$

风作用在风轮上的力可由 Euler 理论写出：

$$F = \rho Sv (v_1 - v_2) \tag{1-3}$$

故风轮吸收的功率为

$$P = Fv = \rho Sv^2 (v_1 - v_2) \tag{1-4}$$

此功率是由动能转换而来的。从上游至下游动能的变化为

$$\Delta E = \frac{1}{2} \rho Sv (v_1^2 - v_2^2) \tag{1-5}$$

令式（1-4）与式（1-5）相等，得到：

$$v = \frac{v_1 + v_2}{2} \tag{1-6}$$

则作用在风轮上的力和提供的功率可写成：

$$F = \frac{1}{2}\rho Sv\left(v_1^2 - v_2^2\right) \qquad （1\text{-}7）$$

$$P = \frac{1}{4}\rho Sv\left(v_1^2 - v_2^2\right)\left(v_1 + v_2\right) \qquad （1\text{-}8）$$

对于给定的上游速度 v_1，可写出以 v_2 为函数的功率变化关系，将式（1-8）微分得

$$\frac{\mathrm{d}P}{\mathrm{d}v_2} = \frac{1}{4}\rho Sv\left(v_1^2 - 2v_1v_2 - 3v_2^2\right)$$

式 $\mathrm{d}\dfrac{\mathrm{d}P}{\mathrm{d}v_2} = 0$ 有两个解：① $v_2 = -v_1$，没有物理意义；② $v_2 = v_1/3$，对应于最大功率。

以 $v_2 = \dfrac{v_1}{3}$ 代入 P 的表达式，得到最大功率为

$$P_{\max} = \frac{8}{27}\rho Sv_1^3 \qquad （1\text{-}9）$$

将上式除以气流通过扫掠面 S 时风所具有的动能，可推得风力机的理论最大效率（或称理论风能利用系数）：

$$\eta_{\max} = \frac{P_{\max}}{\frac{1}{2}\rho v_1^3 S} = \frac{(8/27)S\rho v_1^3}{\frac{1}{2}S\rho v_1^3} = \frac{16}{27} \approx 0.593 \qquad （1\text{-}10）$$

式（1-10）即为有名的贝兹（Betz）理论的极限值。它说明，风力机从自然风中所能索取的能量是有限的，其功率损失部分可以解释为留在尾流中的旋转动能。

能量的转换将导致功率的下降，它随所采用的风力机和发电机的型式而异，因此风力机的实际风能利用系数 $C_P < 0.593$。风力机实际能得到的有用功率输出是

$$P_s = \frac{1}{2}\rho v_1^3 S C_P \qquad （1\text{-}11）$$

对于每平方米扫风面积则有

$$P = \frac{1}{2}\rho v_1^3 C_P \qquad （1\text{-}12）$$

三、风力机的特性系数

在讨论风力机的能量转换与控制时，以下特性系数具有特别重要的意义。

（一）风能利用系数 C_P

风力机从自然风能中吸取能量的大小程度用风能利用率系数 C_P 表示，由（1-11）知

$$C_P = \frac{P}{\frac{1}{2}\rho v^3 S} \qquad (1\text{-}13)$$

式中 P——风力机实际获得的轴功率（W）；

ρ——空气密度（kg/m^3）；

S——风轮的扫风面积（m^2）；

v——上游风速（m/s）。

（二）叶尖速比 λ

为了表示风轮在不同风速中的状态，用叶片的叶尖圆周速度与风速之比来衡量，称为叶尖速比 λ。

$$\lambda = \frac{2\pi R n}{v} = \frac{\omega R}{v} \qquad (1\text{-}14)$$

式中 n——风轮的转速（r/s）；

ω——风轮角频率（rad/s）；

R——风轮半径（m）；

v——上游风速（m/s）。

（三）扭矩系数 C_T 和推力系数 C_F

为了便于把气流作用下风力机所产生的扭矩和推力进行比较，常以 λ 为变量做成扭矩和推力的变化曲线。因此，扭矩和推力也要无因次化。

$$C_T = \frac{T}{\frac{1}{2}\rho v^2 S R} = \frac{2T}{\rho v^2 S R}$$

$$C_F = \frac{F}{\frac{1}{2}\rho v^2 S} = \frac{2F}{\rho v^2 S}$$

式中 T——扭矩（N·m）；

F——推力（N）。

第二节 桨叶的几何参数和空气动力特性

无论风力机的型式如何，桨叶是其至关重要的部件。为了很好地理解它在控制能量转换中的作用，必须知道某些空气动力学的基本知识。

先研究一静止的叶片，其承受的风速为 v，假定风速方向与叶片横截面平行。

一、叶型的几何参数和气流角（见图1-2）

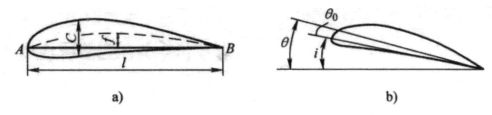

a)   b)

图1-2 叶型的几何参数和气流角

叶型的几何定义：

B 点——后缘（Trailing edge）；

A 点——前缘（Leading edge），它是距后缘最远的点；

l——叶型的弦长，是两端点 A、B 连线方向上叶型的最大长度；

C——最大厚度，即弦长法线方向之叶型最大厚度；

$\overline{C}$——叶型相对厚度，$\overline{C} = C/l$，通常为 10% ~ 15%；

叶型中线——从前缘点开始，与上、下表面相切的诸圆之圆心的连线，一般为曲线；

f——叶型中线最大弯度；

$\overline{f}$——叶型相对弯度，$\overline{f} = f/l$；

i——攻角，是来流速度 $\overline{v}$ 与弦线间的夹角；

θ_0——零升力角，它是弦线与零升力线间的夹角；

θ——升力角，来流速度方向与零升力线间的夹角。

$$i = \theta + \theta_0 \tag{1-15}$$

此处 θ_0 是负值，θ 和 i 是正值。

二、作用在运动桨叶上的气动力

假定桨叶处于静止状态，令空气以相同的相对速度吹向叶片时，作用在桨叶上的气动力将不改变其大小。气动力只取决于相对速度和攻角的大小。因此，为便于研究，均假定桨叶静止处于均匀来流速度 v 中。

此时，作用在桨叶表面上的空气压力是不均匀的，上表面压力减少，下表面压力增加。

按照伯努利理论，桨叶上表面的气流速度较高，下表面的气流速度则比来流低。因此，围绕桨叶的流动可看成由两个不同的流动组合而成：一个是将叶型置于均匀流场中时围绕桨叶的零升力流动；另一个是空气环绕桨叶表面的流动。而桨叶升力则由于在桨叶表面上存在一速度环量。

为了表示压力沿表面的变化，可作桨叶表面的垂线，用垂线的长度 5 表示各部分压力的大小：

$$K_p = \frac{p - p_0}{\frac{1}{2}\rho v^2} \tag{1-16}$$

式中 p ——桨叶表面上的静压；

ρ、p_0、v ——无限远处的来流条件。

连接各垂直线段长度 K_p 的端点，得到图 1-4a，其中上表面 K_p 为负，下表面 K_p 为正。

使用在桨叶上的力 F 与相对速度的方向有关，并可用下式表示

$$F = \frac{1}{2}\rho C_r S v^2 \tag{1-17}$$

式中 S ——桨叶面积，等于弦长 × 桨叶长度；

C_r ——总的气动系数。

该力可分为两部分：分量 F_d 与速度 v 平行，称为阻力；分量 F_l 与速度 v 垂直，称为升力。

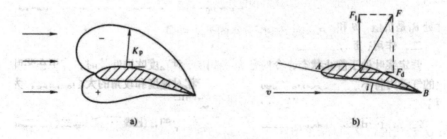

图 1-3　作用在桨叶上的力

F_d 与 F_l 可分别表示为

$$F_{\mathrm{d}} = \frac{1}{2}\rho C_{\mathrm{d}} S v^2 \tag{1-18}$$

$$F_{\mathrm{l}} = \frac{1}{2}\rho C_{\mathrm{l}} S v^2 \tag{1-19}$$

式中 C_{d}——阻力系数；

C_{l}——升力系数。

因两个分量是垂直的，故可写成：

$$F_{\mathrm{d}}^2 + F_{\mathrm{l}}^2 = F^2$$
$$C_{\mathrm{d}}^2 + C_{\mathrm{l}}^2 = C_{\mathrm{r}}^2$$

若令 M 为相对于前缘点的由 F 力引起的力矩，则可求得变距力矩系数 C_{M}。

$$M = \frac{1}{2}\rho C_{\mathrm{M}} S l v^2 \tag{1-20}$$

式中 l——弦长。

因此，作用在桨叶截面上的气动力可表示为升力、阻力和变距力矩三部分。

由图 1-4b 可看出，对于各个攻角值，存在某一特别的 C 点，该点的气动力矩为零，称为压力中心。于是，作用在叶型截面上的气动力可表示为作用在压力中心上的升力和阻力。压力中心与前缘点之间的位置可用比值 CP 确定。

$$CP = \frac{AC}{AB} = \frac{C_{\mathrm{M}}}{C_{\mathrm{l}}} \tag{1-21}$$

一般 $CP = (25 \sim 30)\%$。

三、升力和阻力系数的变化曲线

首先研究升力系数的变化，它由直线和曲线两部分组成。与 C_{lmax} 对应的 i_{M} 点称为失速点，超过失速点后，升力系数下降，阻力系数迅速增加。负攻角时，C_{l} 也呈曲线形，C_{l} 通过一最低点 C_{lmin}（见图 1-5）。

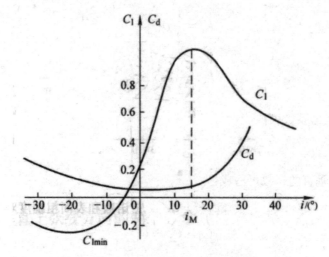

图1-4 桨叶的升力和阻力系数

阻力系数曲线的变化则不同，它的最小值对应一确定的攻角值。

不同的桨叶截面形状对升力和阻力的影响很大，现分述如下：

（一）弯度的影响

叶型的弯度加大后，导致上、下弧流速差加大，从而使压力差加大，故升力增加；与此同时，上弧流速加大，摩擦阻力上升，并且由于迎流面积加大，故压差阻力也加大，导致阻力上升。因此，同一攻角时，随着弯度增加，其升、阻力都将显著增加，但阻力比升力的增加更快，使升、阻比有所下降。

（二）厚度的影响

叶型厚度增加后，其影响与弯度类似。同一弯度的叶型，采用较厚的叶型时，对应于同一攻角的升力有所提高，但对应于同一升力的阻力也较大，使升、阻比下降。

（三）前缘的影响

试验表明，当叶型的前缘抬高时，在负攻角情况下阻力变化不大。前缘低垂时，则在负攻角时会导致阻力迅速增加。

（四）表面粗糙度和雷诺数的影响

表面粗糙度和雷诺数对桨叶空气动力特性有着重要影响。

叶片在运行中出现失速以后，噪声常常会突然增加，引起风力机的振动和运行不稳等现象。因此，在选取 C_1 值时，以失速点作为设计点是不好的。对于水平轴型风力机而言，为了使风力机在稍向设计点右侧偏移时仍能很好地工作，所取的 C_1 值一般在 $(0.8 \sim 0.9)C_{lmax}$。

四、有限翼展的影响

上述结果仅适用于桨叶无限长时，对于有限长度的叶片，其结果必须修正。

由于升力桨的下表面压力大于大气，上表面低于大气，因此叶片两端气流企图从高压侧向低压侧流动，结果在两端形成涡流。实际上，由于叶尖的影响，两端形成一系列的小涡流，这些小涡流又汇合成两个大涡流，卷向桨尖内侧。

涡流的形成，造成阻力增加，引起一诱导阻力：

$$F_{\text{di}} = \frac{1}{2}\rho C_{\text{di}} S v^2 \tag{1-22}$$

因此，上述阻力系数变为

$$C_{\text{d}} = C_{\text{do}} + C_{\text{di}} \tag{1-23}$$

式中 C_{do} ——无限翼展的阻力系数。

为此，要想得到同样的升力，攻角必须增加一个量 ϕ，故获得同样升力的新攻角为

$$i = i_0 + \phi \tag{1-24}$$

由流体力学知，当环量呈椭圆分布时，C_{di} 和 ϕ 可由下列关系给出：

$$C_{\text{di}} = \frac{S}{L^2} - \frac{C_1^2}{\pi} = \frac{C_1^2}{\pi\alpha} \tag{1-25}$$

$$\phi = \frac{S}{L^2} - \frac{C_1}{\pi} = \frac{C_1}{\pi\alpha}$$

式中 S ——桨叶面积；

L ——桨叶长度；

α ——是展弦比，$\alpha = L^2 / S$。

五、弦线和法线方向的气动力

如果将 F 力分解为弦线方向和垂直于弦线方向的两个分量，则有：

弦线方向：$F_{\text{t}} = \frac{1}{2}\rho S v^2 \left(C_{\text{d}}\cos i - C_1 \sin i\right)$

垂线方向：$F_{\text{n}} = \frac{1}{2}\rho S v^2 \left(C_1 \cos i + C_{\text{d}} \sin i\right)$

上式可进一步写成：

$$F_{t} = \frac{1}{2}\rho C_{t}Sv^{2}, \quad F_{n} = \frac{1}{2}\rho C_{n}Sv^{2} \qquad (1\text{-}26)$$

其中

$$C_{n} = C_{1}\cos i + C_{d}\sin i$$

$$C_{t} = C_{d}\cos i - C_{1}\sin i \qquad (1\text{-}27)$$

第三节　风轮的气动力学

一、几何定义

为了研究风力机的风轮，先给出一些定义：

转轴——风轮的旋转轴；

回转平面——垂直于转轴线的平面，叶片在该平面内旋转；

风轮直径——风轮扫掠面直径；

叶片轴线——叶片纵轴线，围绕它，可使叶片一部分或全部相对于回转平面的倾斜变化；

安装角或节距角 β ——半径 r 处回转平面与叶型截面弦长之间的夹角。

二、叶素特性分析

取一长度为 dr 的叶素，在半径 r 处的弦长为 l，节距角为 β。则叶素在旋转平面内具有一圆周速度 $|u| = 2\pi rn$（n 为转速）。如果取 v 为吹过风轮的轴向风速，气流相对于叶片的速度为 w，则

$$v = u + w \quad w = v - u \quad (1\text{-}28)$$

而攻角为 $i = I - \beta$。其中，I 为 w 与旋转平面间的夹角，称为倾斜角。

因此，叶素受到相对速度 w 的气流作用，进而受到一气动力 dF 作用。dF 可分为一个升力 dL 和一个阻力 dD，分别与相对速度 w 垂直或平行，并对应于某一攻角 i。

C_{1} 和 C_{d} 的值可按相应的攻角查取所选叶型的气动特性曲线得到。

现在来计算由气动力 dF 产生的作用在风轮上的轴向推力以及作用在转轴上的力矩。dF_{a} 为 dF 在转轴上的投影，　　　为 dF 在回转平面上的投影对转轴的力矩，w 为风轮角

速度，则有

$$\begin{cases} dF_a = dL \cos I + dD \sin I \\ dT = r(dL \sin I - dD \cos I) \end{cases}$$

代入以前的有关关系式得

$$dL = \frac{1}{2}\rho C_1 w^2 dS \quad dD = \frac{1}{2}\rho C_d w^2 dS$$

$$w^2 = v^2 + u^2 = v^2 + \omega^2 r^2 \quad \omega r = v \cot I$$

$$dP = \omega dT$$

于是得到 dF_a、dT 和 dP 的下列表达式：

$$dF_a = \frac{1}{2}\rho v^2 dS \left(1 + \cot^2 I\right) \left(C_1 \cos I + C_d \sin I\right) \tag{1-29}$$

$$dT = \frac{1}{2}\rho v^2 r dS \left(1 + \cot^2 I\right) \left(C_1 \sin I - C_d \cos I\right) \tag{1-30}$$

$$dP = \frac{1}{2}\rho v^3 dS \cot I \left(1 + \cot^2 I\right) \left(C_1 \sin I - C_d \cos I\right) \tag{1-31}$$

三、推力、转矩和功率的一般关系式

风作用在风轮上引起的总推力 F_a 和作用在转轴上的总转矩 T 可由所有作用在叶素上的 dF_a 和 dT 求和得到。推力 F_a、转矩 T、功率 P 和效率 η 的关系式为

$$P = \Sigma dF_a v = F_a v \tag{1-32}$$

轴功率

$$P_u = T\omega \tag{1-33}$$

效率为

$$\eta = \frac{P_u}{P} = \frac{T\omega}{F_a u} \tag{1-34}$$

第四节　简化的风力机理论

一、基本关系的确定

为了确定叶片弦长，需要计算从转轴算起的（$r, r+\mathrm{d}r$）一段截面上所受到的轴向推力。可采用两种方法，该方法假定风力机按照贝兹（Betz）理论在最佳状态下运转。

（一）第一种方法

按照贝兹理论，作用在整个风轮上的轴向推力［见式（1-7）］为

$$F_{\mathrm{a}} = \frac{\rho S}{2}\left(v_1^2 - v_2^2\right)$$

通过风轮的风速［见式（1-6）］是

$$v = \frac{v_1 + v_2}{2}$$

此处 v_1 和 v_2 是离开风力机前后一定距离的风速。

当 $v_2 = v_1/3$ 时，功率输出达到最大值。此时轴向推力 F_a 和通过扫风面的风速 v 为

$$F_{\mathrm{a}} = \frac{4}{9}\rho S v_1^2 = \rho S v^2, \quad v = \frac{2}{3}v_1 \qquad （1\text{-}35）$$

假设各单元扫风面产生的轴向推力正比于它的对应面积，则作用在间隔（r，$r+\mathrm{d}r$）叶素的轴向力为

$$\mathrm{d}F_{\mathrm{a}} = \rho v^2 \mathrm{d}S = 2\pi\rho v^2 r \mathrm{d}r \qquad （1\text{-}36）$$

（二）第二种方法

设角速度为 ω，则半径为 r 的叶素圆周速度为 $u = \omega r$，此时风通过风轮的绝对速度 v、相对于叶片的速度 w 和风轮的圆周速度 u 三者的关系为 $v = w + u$，并可写成 $w = v - u$。

于是作用在叶片上长度为 dr 的升力和阻力为

$$\mathrm{d}L = \frac{1}{2}\rho C_1 w^2 l \mathrm{d}r \qquad （1\text{-}37）$$

$$dD = \frac{1}{2}\rho C_d w^2 l dr \qquad (1-38)$$

其合力为

$$dF = dL / \cos\varepsilon$$

式中 ε —— dF 和 dL 之间的夹角；

l ——半径 r 处的叶片弦长。

因

$$w = v / \sin I$$

则

$$dF = \frac{1}{2}\rho C_1 \frac{w^2}{\cos\varepsilon} l dr = \frac{1}{2}\rho C_1 \frac{v^2}{\sin^2 I}\frac{l dr}{\cos\varepsilon} \qquad (1-39)$$

将 dF 投影到转轴上，则（r，r+dr）段产生的轴向力 dF_a 为

$$dF_a = \frac{1}{2}\rho C_1 b \frac{v^2}{\sin^2 I}\frac{\cos(I-\varepsilon)}{\cos\varepsilon} l dr \qquad (1-40)$$

式中 b ——叶片数。

令上式与式（1-36）相等，得到

$$C_1 bl = 4\pi r \frac{\sin^2 I \cos\varepsilon}{\cos(I-\varepsilon)} \qquad (1-41)$$

二、上述关系的转换和简化

展开 $\cos(I-\varepsilon)$ 项，上述关系可写成

$$C_1 bl = 4\pi r \frac{\tan^2 I \cos I}{1 + \tan\varepsilon \tan I} \qquad (1-42)$$

在最佳运转条件下，通过风轮的风速是

$$v = \frac{2}{3}v_1$$

因此倾斜角可由下式确定：

$$\cot I = \frac{\omega r}{v} = \frac{3}{2}\frac{\omega r}{v_1} = \frac{3}{2}\lambda \qquad (1-43)$$

于是式（1-42）可进一步写成：

$$C_1 bl = \frac{16\pi}{9}\sqrt{\lambda}\sqrt{\lambda^2 + \frac{4}{9}\left(1 + \frac{2}{3\lambda}\tan\varepsilon\right)} \tag{1-44}$$

在正常运行情况下，$\tan\varepsilon = \mathrm{d}D / \mathrm{d}L = C_\mathrm{d} / C_1$ 一般是很小的，对于攻角在最佳值附近的普通翼型，其 $\tan\varepsilon$ 约为 0.02，则上式可简化为

$$C_1 bl = \frac{16\pi}{9}\frac{r}{\lambda\sqrt{\lambda^2 + \frac{4}{9}}} \tag{1-45}$$

叶尖和半径 r 处的速度比分别为 $\lambda_0 = \dfrac{\omega R}{v_1}$（$R$ 为叶尖处半径）及 $\lambda = \dfrac{\omega r}{v_1}$，消去 ω 和 v_1 后得到：

$$\lambda = \lambda_0 \frac{r}{R}$$

将 λ 值代入式（1-45），有

$$C_1 bl = \frac{16\pi}{9}\frac{R}{\lambda_0\sqrt{\lambda_0\dfrac{r^2}{R^2} + \dfrac{4}{9}}} \tag{1-46}$$

叶尖速比 λ_0 和风轮直径确定后，可由下式计算不同半径 r 处的倾斜角 I：

$$\tan I = \frac{2}{3}\lambda = \frac{3}{2}\lambda_0\frac{r}{R} \tag{1-47}$$

三、与设计有关的几个问题

如果叶片安装角 β 确定了，则攻角也即确定（$i = I - \beta$），然后由叶型气动力特性曲线即可确定 C_1。当叶片数给定后，$C_1 bl$ 的表达式可用来确定以 r 为变量的各叶片截面的弦长。

式（1-46）说明，给定半径 r 处的弦长，随叶尖速比 λ_0 的增加而减少，因而处于高额定转速下工作的风轮，其重量也就较轻。

对于给定的叶尖速比 λ_0，弦长从叶尖向叶根增加，这一规律使叶片形成曲线边缘。

但在某些风力机中 C_1 沿叶片长度并不保持为常数，因而弦长也不需要从叶尖向叶根递增。

四、叶素的理论气动效率和最佳攻角

$(r, r + dr)$ 段叶片的气动效率可由下式确定：

$$\eta = \frac{dP_u}{dP_t} = \frac{\omega dT}{v dF_a} = \frac{u dF_u}{v dF_a}$$

式中 dF_u ——气动力 dF 在旋转平面上的投影值；

　　dF_a ——气动力 dF 在转轴上的投影值；

　　dP_u —— dr 段叶片产生的风轮功率；

　　dP_t ——流过 dr 段叶片的风的功率。

因

$$dF_u = dL \sin I - dD \cos I$$
$$dF_a = dL \cos I + dD \sin I$$
$$\cot I = u / v$$

则得到

$$\eta = \frac{dL \sin I - dD \cos I}{dL \cos I + dD \sin I} \cot I \qquad （1\text{-}48）$$

若以 $\tan \varepsilon = \dfrac{dD}{dL} = \dfrac{C_d}{C_l}$ 代入上式，则

$$\eta = \frac{1 - \tan \varepsilon \cot I}{\cot I + \tan \varepsilon} \cot I = \frac{1 - \tan \varepsilon \cot I}{1 + \tan \varepsilon \tan I} \qquad （1\text{-}49）$$

当 $\tan \varepsilon$ 较低时，效率是较高的。如果在 $\tan \varepsilon$ 等于零的极限情况下，气动效率将等于 1，实际的 $\tan \varepsilon$ 值取决于攻角的大小。

第五节　涡流理论

为了计算气流通过风轮时的诱导涡，建立了许多理论，所有这些理论都引用了涡流系统。由于这些理论的计算值都是很相近的。

一、风轮的涡流系统

对于有限长的叶片，风轮叶片下游存在着尾迹涡，它形成两个主要的涡区：一个在轮

毂附近，一个在叶尖。

当风轮旋转时，通过每个叶片尖部的气流的迹线为一螺旋线，因此每个叶片的尾迹涡形成一螺旋形。在轮毂附近也存在同样的情况，每个叶片都对轮毂涡流的形成产生一定的作用。

此外，为了确定速度场，可将各叶片的作用以一边界涡代替。

对于空间某一给定点，其风速可认为是由非扰动的风速和由涡流系统产生的风速之和。

由涡流引起的风速可看成是由下列三个涡流系统叠加的结果：

第一，中心涡，集中在转轴上；

第二，每个叶片的边界涡；

第三，每个叶片尖部形成的螺旋涡。

二、诱导速度的确定

设 Ω 和 ω 分别为气流和风轮的旋转角速度，则风轮下游气流的旋转角速度相对于叶片变为 $\omega + \Omega$。

令 $\omega + \Omega = h\omega$，$h$ 为周向速度因子，则

$$\Omega = (h-1)\omega$$

从速度三角形可以看出，由于气流是以一个与叶片旋转方向相反的方向绕自己的轴旋转，在风轮上游，其值为零，在风轮平面内，由贝兹理论知其值为下游的1/2，故在该条件下风轮平面内的气流角速度可表示为

$$\omega + \frac{\Omega}{2} = \left(\frac{1+h}{2}\right)\omega$$

在旋转半径 r 处，相应的圆周速度为

$$u_r = \left(\frac{1+h}{2}\right)\omega r \qquad (1\text{-}50)$$

令 $v_2 = kv_1$，k 为轴向速度因子，通过风轮的轴向速度可写为

$$v = \frac{v_1 + v_2}{2} = \frac{1+k}{2}v_1 \qquad (1\text{-}51)$$

风轮平面半径 r 处的倾角和相对速度 w 则由下列关系给出：

$$\cot I = \frac{u_r}{v} = \frac{\omega r}{v_1}\frac{1+h}{1+k} = \lambda\frac{1+h}{1+k} = \lambda_e \qquad (1\text{-}52)$$

$$w = \frac{v}{\sin I} = \frac{v_1(1+k)}{2\sin I} = \frac{\omega r(1+h)}{2\cos I} \qquad (1\text{-}53)$$

三、轴向推力和转矩计算

今研究 $(r, r+\mathrm{d}r)$ 段叶片的受力情况，可采用两种方法。

（一）第一个方法

由式（1-37）和式（1-38）知

$$\mathrm{d}L = \frac{1}{2}\rho C_1 w^2 l \mathrm{d}r$$

$$\mathrm{d}D = \frac{1}{2}\rho C_\mathrm{d} w^2 l \mathrm{d}r$$

分别将 $\mathrm{d}L$ 和 $\mathrm{d}D$ 的合力 dF 投影到转轴和圆周速度 u 上，得到：

轴向分量：

$$\mathrm{d}F_\mathrm{a} = \mathrm{d}L\cos I + \mathrm{d}D\sin I = \frac{1}{2}\rho l w^2 \mathrm{d}r\left(C_1\cos I + C_\mathrm{d}\sin I\right)$$

切向分量：

$$\mathrm{d}F_\mathrm{u} = \mathrm{d}L\sin I - \mathrm{d}D\cos I = \frac{1}{2}\rho l w^2 \mathrm{d}r\left(C_1\sin I - C_1\cos I\right)$$

引入关系式 $\tan\varepsilon = C_\mathrm{d}/C_1$，则上述方程可写成：

$$\mathrm{d}F_\mathrm{a} = \frac{1}{2}\rho l w^2 C_1 \frac{\cos(I-\varepsilon)}{\cos\varepsilon}\mathrm{d}r$$

$$\mathrm{d}F_\mathrm{u} = \frac{1}{2}\rho l w^2 C_1 \frac{\sin(I-\varepsilon)}{\cos\varepsilon}\mathrm{d}r$$

于是，$(r, r+dr)$ 段叶片的轴向推力为

$$\mathrm{d}F_\mathrm{a} = b\mathrm{d}F_\mathrm{a} = \frac{1}{2}\rho b\,\mathrm{lr}\,w^2 C_1 \frac{\sin(I-\varepsilon)}{\cos\varepsilon}\mathrm{d}r \qquad （1-54）$$

气动转矩为

$$\mathrm{d}T = rb\mathrm{d}F_\mathrm{u} = \frac{1}{2}\rho blr w^2 C_1 \frac{\sin(I-\varepsilon)}{\cos\varepsilon}\mathrm{d}r \qquad （1-55）$$

将式（1-54）和式（1-55）与简化的风力机理论第二种方法对比可以看出，当不计及诱导速度的影响时，两者是一致的。

（二）第二个方法

应用气动的一般理论确定 $\mathrm{d}F_\mathrm{a}$ 和 $\mathrm{d}T$。

今研究气流通过 $(r, r+\mathrm{d}r)$ 一段环形面积的轴向动量，则推力 $\mathrm{d}F_a$ 等于单位质量流量 m 穿过环形面时与速度变化的乘积，即

$$\mathrm{d}F_a = m\Delta v = m(v_1 - v_2)$$

因

$$m = \rho 2\pi vr\mathrm{d}r = \rho\pi r\mathrm{d}r(1+k)v_1$$

有

$$\mathrm{d}F_a = \rho\pi v^2 r\mathrm{d}r\left(1-k^2\right) \quad\quad （1\text{-}56）$$

同样，若考虑到角动量的关系，可得到转矩 dT：

$$\mathrm{d}T = m\Delta\omega r^2 = mr^2\Omega$$

式中 $\Delta\omega$——气流通过螺旋桨时的变化 $\Delta\omega = \Omega$。

则

$$\mathrm{d}T = \rho\pi v_1 r^3\mathrm{d}r(1+k)\Omega$$

或

$$\mathrm{d}T = \rho\pi r^3\mathrm{d}r\omega v_1(1+k)(h-1) \quad\quad （1\text{-}57）$$

（三）结果

对比上述两种 $\mathrm{d}F_a$ 等式，然后替换 w，令 w 为 v_1 的函数，则

$$C_1bl = \frac{2\pi\omega r v_1^2\left(1-k^2\right)\cos\varepsilon}{w^2\sin(I-\varepsilon)} = \frac{8\pi r(1-k)\cos\varepsilon\sin^2 I}{(1+k)\cos(I-\varepsilon)} \quad\quad （1\text{-}58）$$

用同样方式，对比 $\mathrm{d}T$ 的等式可得

$$C_1bl = \frac{2\pi\omega r v_1(1+k)(h-1)\cos\varepsilon}{w^2\sin(I-\varepsilon)} = \frac{4\pi r(h-1)\sin^2 I\cos\varepsilon}{(h+1)\sin(I-\varepsilon)} \quad\quad （1\text{-}59）$$

由这些方程式经某些变换后，可得到下列形式：

$$G = \frac{1-k}{1+k} = \frac{C_1bl\cos(I-\varepsilon)}{8\pi r\cos\varepsilon\sin^2 I} \quad\quad （1\text{-}60）$$

$$E = \frac{(h-1)}{(h+1)} = \frac{C_1bl\sin(I-\varepsilon)}{4\pi r\sin^2 I\cos\varepsilon} \quad\quad （1\text{-}61）$$

式中 G 和 E 为计算过程中采用的简化符号。这两个公式建立了风轮的几何参数、气动参数与速度因子之间的关系。

两式相除后，得

$$\frac{G}{E} = \frac{(1-k)(h+1)}{(h-1)(1+k)} = \cot(I-\varepsilon)\cot I$$

四、当地功率系数

流经环形面积$(r, r+\mathrm{d}r)$的气流中获得的最大功率可由下式给出：

$$\mathrm{d}P_\mathrm{u} = \omega\mathrm{d}T = \rho\pi r^3\mathrm{d}r\omega^2 v_1(1+k)(h-1) \tag{1-62}$$

相应的当地功率系数[指$(r, r+\mathrm{d}r)$段叶片而言]为

$$G_\mathrm{P} = \frac{\mathrm{d}P_\mathrm{u}}{\rho\pi r\mathrm{d}r v_1^3} = \frac{\omega^2 r^2}{v_1^2 I}(1+k)(h-1) = \lambda^2(1+k)(h-1) \tag{1-63}$$

式中$\lambda = \omega r / v_1$。

功率系数的最大值可由当地功率系数得到。

今研究一种无阻力的、无限多叶片数的理想风力机。因每个叶片的Cd=0，即$\tan\varepsilon = C_\mathrm{d} / C_1 = 0$，在这种条件下，方程$G/E$可写成：

$$\frac{G}{E} = \frac{(1-k)(h+1)}{(h-1)(1+k)} = \cot^2 I\frac{\lambda^2(1+h)^2}{(1+k)^2} \tag{1-64}$$

经化简后有$\lambda^2 = \dfrac{1-k^2}{h^2-1}$

由此得

$$h = \sqrt{1+\frac{1-k^2}{\lambda^2}} \tag{1-65}$$

将h值代入Cp方程式（1-63），得

$$C_\mathrm{P} = \lambda^2(1+k)\left(\sqrt{1+\frac{1-k^2}{\lambda^2}} - 1\right) \tag{1-66}$$

对于给定的$\ddot{e}$值，功率系数具有最大值。当$\mathrm{d}C_\mathrm{P}/\mathrm{d}k = 0$时，最大值由某$k$值确定，即满足方程：

$$\lambda^2 = \frac{1-3k+4k^3}{3k-1}$$

该方程可写成：

$$4k^3 - 3k\left(\lambda^2 + 1\right) + \lambda^2 + 1 = 0$$

令

$$k = \sqrt{\lambda^2 + 1}\cos\theta \qquad （1\text{-}67）$$

式中，θ 为简化计算过程所采用的中间变量。

将 k 换之，然后除以 $\left(\lambda^2 + 1\right)^{3/2}$，得

$$4\cos^3\theta - 3\cos\theta + \frac{1}{\sqrt{\lambda^2 + 1}} = 0$$

因

$$4\cos^3\theta - 3\cos\theta = \cos 3\theta$$

则可写成

$$\cos 3\theta = -\frac{1}{\sqrt{\lambda^2 + 1}}$$

即

$$\cos(3\theta - \pi) = \frac{1}{\sqrt{\lambda^2 + 1}}$$

于是有

$$\theta = \frac{1}{2}\arccos\left(\frac{1}{\sqrt{\lambda^2 + 1}}\right) + \frac{\pi}{3} = \frac{1}{3}\arctan\lambda + \frac{\pi}{3} \qquad （1\text{-}68）$$

对于每个 λ 值，可由式（1-68）确定出 θ 角，再由式（1-67）确定 k，进而可求得 Cp 的最大值。

五、倾斜角 I 和 $C_l bl$ 的最佳值

由式（1-52）、式（1-58）已经得到了倾角 I 和 $C_l bl$ 的方程：

$$\cot I = \lambda_e = \frac{1+h}{1+k}$$

$$C_l bl = \frac{8\pi r(1-k)\cos\varepsilon\sin^2 I}{(1+k)\cos(I-\varepsilon)}$$

按照上述两个公式，可利用 θ 角依次确定 k、h、λ_e 和 I 等的值。

为了计算 C_lbl 的大小，我们再次确定一种无阻力的理想风力机（$\varepsilon = 0$），在这个条件下，上述表达式可写为

$$\frac{C_lbl}{r} = \frac{8\pi(1-k)}{(1+k)}\frac{1}{\lambda_e\sqrt{\lambda_e^2+1}} \tag{1-69}$$

这一关系式使我们可以确定最佳运行条件下的倾斜角 I 和 C_lbl。

六、考虑阻力时叶片的当地功率系数和最佳攻角

今研究一段 $(r, r+dr)$ 叶片，如前所述，当地功率系数由下列关系式确定：

$$C_P = \frac{\omega dT}{\rho\pi rdrv_1^3} = \frac{vdF_a}{\rho\pi rdrv_1^3}\frac{\omega dT}{vdF_a} = \frac{vdF_a}{\rho\pi rdrv_1^3}\frac{udF_u}{vdF_a}$$

利用本节第二和第三个问题所推得的关系式替换 dF_a, dF_u, v，并代以下面的关系：

$$\cot I = \lambda\frac{1+h}{1+k} \text{ 和 } \tan\varepsilon = C_d/C_l$$

得到

$$C_P = \frac{(1+k)(1-k^2)}{1+h}\frac{1-\tan\varepsilon\cot l}{1+\tan\varepsilon\tan l} \tag{1-70}$$

当 $\tan\varepsilon = 0$ 时，式（1-70）的第一个分数表示理想风力机在半径 r 处的功率系数。

一般情况下叶片有阻力，当 $\tan\varepsilon$ 从零开始取不同值时，C_P 值将发生变化。

七、叶片数的影响

上述理论假定叶片数是无限的，实际上叶片是有限的。此时，由于有一较大的涡流汇集将造成能量损失，这些能量损失曾被 Rohrbach、Worobel、Goldstein 和 Prandtl 研究过。

按照 Prandtl 理论，对于具有 b 个叶片的风力机，其效率的降低由下式确定。

$$\sigma = \left(1 - \frac{1.39}{b}\sin I_0\right)^2 \tag{1-71}$$

式中 σ——Prandtl 系数；

I_0——叶尖的倾角。

如果风轮是在最佳条件附近运行，则

$$\sin I_0 = \frac{1}{\sqrt{1+\cot^2 I_0}} = \frac{2}{3\sqrt{\lambda_0^2 + 4/9}} \qquad (1\text{-}72)$$

假设 Prandtl 关系可延伸到这种情况，得到

$$\sigma = \left(1 - \frac{0.93}{b\sqrt{\lambda_0^2 + 0.445}}\right)^2 \qquad (1\text{-}73)$$

必须指出，原始的 Prandtl 关系式是严格建立在低负荷螺旋条件下的。不过，上述表达式应用于实际时，在正常负荷情况下，其功率系数与风洞试验结果是很接近的。

第二章 风电机组的特性分析

风电机组的特性主要包括风力机特性、传动系统特性、发电机特性、变流器特性、变桨系统特性。

第一节 风电机组的基本特性

一、风力机的特性

风力机的特性通常由一簇包含功率系数 C_P 和叶尖速比 λ 的无因次性能曲线来表达，功率系数 C_P 是风力机叶尖速比 λ 的函数，如图 2-1 所示。

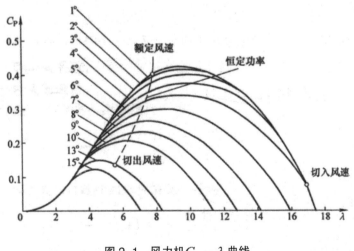

图 2-1 风力机 $C_p - \lambda$ 曲线

$C_p - \lambda$ 曲线是桨距角的函数。由图 2-1 可以看到 $C_p - \lambda$ 曲线对桨距角的变化规律：当桨距角逐渐增大时，$C_p - \lambda$ 曲线将显著缩小。

如果保持桨距角不变，我们用一条曲线就能描述出它作为 λ 的函数的性能和表示从风能中获取的最大功率。图 2-2 是一条典型的 $C_p - \lambda$ 曲线。

叶尖速比可以表示为

$$\lambda = \frac{R\omega_r}{v} = \frac{v_T}{v}$$

（2-1）

式中 ω_r ——风电机组风轮角速度（rad/s）；

R ——叶片半径（m）；

v ——主导风速（m/s）；

v_T ——叶尖线速度（m/s）。

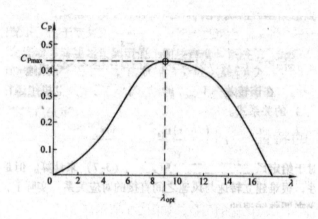

图 2-2 定桨距风力机的 $C_p - \lambda$ 曲线

对于定桨恒速风电机组，发电机转速的变化通常小于同步转速的 2%，但风速的变化范围可以很宽。按式（2-1），叶尖速比可以在很宽的范围内变化，因此它只有很小的机会运行在 C_{Pmax} 点。根据风电机组的能量转换公式，风电机组从风中获取的机械功率为

$$P_m = \frac{1}{2}\rho A C_p v^3$$

（2-2）

式中 ρ ——空气密度；

A ——风轮扫掠面积；

v ——风速。

由式（2-2）可见，在风速给定的情况下，风轮获得的功率将取决于功率系数。如果在任何风速下，风电机组都能在 C_{Pmax} 点运行，便可增加其输出功率。根据图 2-2，在任何风速下，只要使得风轮的叶尖速比 $\lambda = \lambda_{opt}$ ，就可维持风电机组在 C_{Pmax} 下运行。因此，风速变化时，只要调节风轮转速，使叶尖速度与风速之比保持不变，就可获得最佳的功率系数。这就是变速恒频风电机组进行转速控制的基本目标。

根据图 2-2，这台风电机组获得最佳功率系数的条件为

$$\lambda = \lambda_{opt} = 9 \qquad (2\text{-}3)$$

这时，$C_P = C_{Pmax}$，而从风能中获取的机械功率为

$$P_m = kC_{Pmax}v^3 \qquad (2\text{-}4)$$

式中 k——常系数，$k = 1/2PA$。

设 v_{TS} 为同步转速下的叶尖线速度，即

$$v_{TS} = 2\pi R n_s \qquad (2\text{-}5)$$

式中 n_s——在发电机同步转速下的风轮转速。

则对于任何其他转速 n_r，有

$$\frac{v_T}{v_{TS}} = \frac{n_r}{n_s} = 1 - s \qquad (2\text{-}6)$$

根据式（2-1）、式（2-3）和式（2-6），可以建立给定风速 v 与最佳转差率 s（最佳转差率是指在该转差率下，发电机转速使得该风电机组运行在最佳的功率系数 C_{Pmax} 下）的关系式。

$$v = \frac{(1-s)v_{Ts}}{\lambda_{opt}} = \frac{(1-s)v_{Ts}}{9} \qquad (2\text{-}7)$$

这样，对于给定风速的相应转差率可由式（2-7）来计算。但是由于风速测量的不可靠性，很难建立转速与风速之间直接的对应关系。实际上，我们并不是根据风速变化来调整转速的。

为了不用风速控制风电机组，可以修改功率表达式，以消除对风速的依赖关系，按已知的 C_{Pmax} 和 λ_{opt} 计算 P_{opt}。如用角速度代替风速，则可以导出功率是角速度的函数，三次方关系仍然成立，即最佳功率 P_{opt} 与角速度的三次方成正比，也即最佳控制转矩与角速度的三次方成正比：

$$\begin{cases} P_{opt} = \dfrac{\rho\pi R^5 C_{Pmax}\omega_g^3}{2\lambda_{opt}{}^3 G^3} \\[3mm] T_{opt} = \dfrac{\rho\pi R^5 C_{Pmax}\omega_g^2}{2\lambda_{opt}{}^3 G^3} = K_{opt}\omega_g^2 \end{cases} \qquad (2\text{-}8)$$

式中 ω_g——发电机角速度；

R——风轮半径；

K_{opt} ——转矩的最佳控制系数。

二、风电机组的转矩转速特性

从理论上讲，输出功率是无限的，它与风速的三次方成正比关系。但实际上，由于机械强度和电力电子器件容量的限制，输出功率是有限度的，超过这个限度，风电机组的某些设备便不能工作。因此，风电机组受到两个基本限制：

功率限制：所有电路及电力电子器件受功率限制。

转速限制：所有旋转部件的机械强度受转速限制。

图 2-3 是在不同风速下的转矩转速特性。定桨恒速运行的风电机组的工作轨迹为直线 XY。从图中可以看到，定桨恒速风电机组只有一个工作点运行在 C_{Pmax} 上。

理想的变速恒频运行的风电机组的工作点是由若干条曲线组成的，其中在额定风速以下 OA 的段为切入阶段，O 点对应的是切入转速。AB 段为变速运行阶段，风电机组在此区域获得 C_{Pmax}。在 B 点，机组已经达到额定转速，当风速继续增加时，机组运行在 BC 段，直至在 C 点受到功率限制。在稳态情况下，机组在 C 点实现额定运行。当风速继续上升时，机组将调整桨距角以限制风轮的吸收功率。在动态情况下，由于变桨调整较慢，机组为保证额定的功率输出，在安全限制内将允许动态转速超过额定值，而后在变桨系统的气动调节实现限制风轮吸收功率的效果后向额定运行点 C 进行回调，也即在大于额定风速的情况下，机组在 C 点附近进行动态调整，具体的调整幅度，也即转矩上限值和转速上限值由机组本身的特性决定。

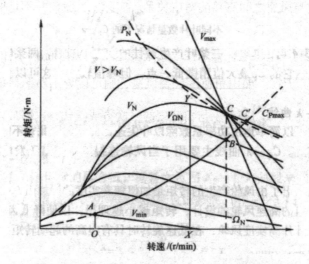

图 2-3　风电机组在运行区域内的转矩 – 转速特性

三、实度对风力机特性的影响

在讨论风力机特性时，有一个参数必须考虑，即风轮的实度，定义为全部桨叶的面积除以其风轮扫掠面积。风力机的实度可以通过改变风轮的桨叶数量来改变，也可以通过改变桨叶的弦长来改变。实度变化的主要影响如图 2-4 所示。

低实度产生一个宽而平坦的曲线，这表示在一个较宽的叶尖速比范围内 C_p 变化很小。但是 C_p 的最大值较低，这是因为阻尼损失较高（阻尼损失大约与叶尖速比的三次方成比例）所造成的。

高实度产生一个含有尖峰的狭窄的性能曲线，这使得风轮的 C_p 值对叶尖速比变化非常敏感，并且如果实度太高，C_p 的最大值将相对较低，$C_{p\max}$ 的降低是由失速损失造成的。

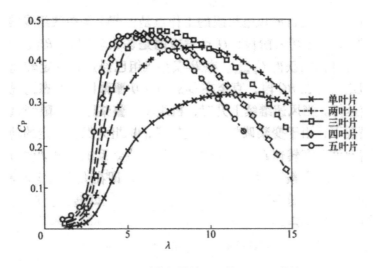

图 2-4　不同叶片数量情况下的 $C_p - \lambda$ 曲线

由图 2-4 可以看出，三桨叶产生最佳的实度。当然，两桨叶也是可以接受的选择，虽然它的 C_p 最大值稍微低一点，但峰值较宽，这可以获得较大的风能捕获。

四、$C_Q - \lambda$ 曲线

转矩系数可以简单地由功率系数除以叶尖速比得到，因此它不能对风轮性能提供额外的信息。$C_Q - \lambda$ 曲线主要用于当风轮连接到齿轮箱和发电机时，对转矩的评估。

图 2-5 显示出了由风轮产生的转矩是如何随着实度的增加而变化的。一方面对于现代用于风电机组的高速风轮的设计，转矩越小越理想，以便降低齿轮箱的成本；另一方面，多叶片高实度风轮，在低速旋转时具有很高的起动转矩系数，这对于风力机的起动是有

利的。

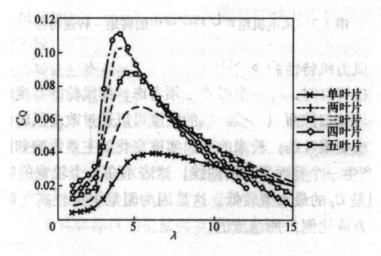

图 2-5　不同叶片数量情况下的 $C_Q - \lambda$ 曲线

与功率曲线的峰值相比，转矩曲线的峰值产生在较低的叶尖速比上。对于图 2-5 上所示的最高的实度，曲线的峰值产生在叶片失速时。

五、$C_T - \lambda$ 曲线

风轮上的推力直接作用在支撑风轮的塔架上，是决定塔架结构设计的主要参考因素。一般来说，风轮上的推力随着实度的增加而增大，如图 2-6 所示。

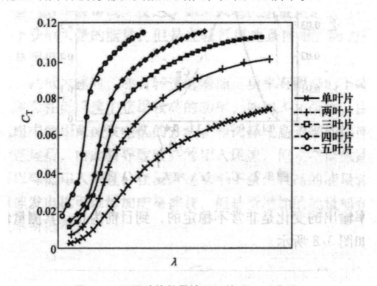

图 2-6　不同叶片数量情况下的 $C_T - \lambda$ 曲线

六、$K_P - 1/\lambda$ 曲线

对于定桨恒速运行的风力机，其特性可用 $K_P - 1/\lambda$ 曲线来描述，它表示在风力机转速不变的情况下，功率随风速变化的特性。$K_P - 1/\lambda$ 曲线也是无因次特性曲线。K_P 定义为

$$K_P = \frac{P}{\frac{1}{2}(\rho\omega)^3 RA_D} = \frac{C_P}{\lambda^3} \qquad (2\text{-}9)$$

对于固定桨距的风力机，$C_P - 1/\lambda$ 曲线和 $K_P - 1/\lambda$ 曲线如图 2-7 所示，$K_P - 1/\lambda$ 曲线与功率特性曲线具有相同的形状。由于定桨恒速风力发电机组的效率随风速大小而变化，在设计时必须考虑将最大效率点设计在风能利用率最高的风速点。

$K_P - 1/\lambda$ 曲线的重要特征是当风力机失速以后，功率最初跌落，然后随着风速逐步增加。这个特征提供了功率自动失速调节的基本条件，即发电机在风速达到额定值以后不会因风速增加而过载。在理想情况下，功率随着风速增加到最大值，然后保持恒定，不再随风速的增加而增加，这称为完美的失速调节。

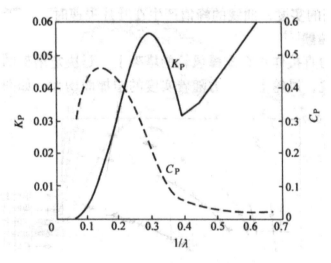

图 3-7 $C_P - 1/\lambda$ 和 $K_P - 1/\lambda$ 曲线

失速调节提供了控制风力机最大功率的最简单的方法，从而保证了与所设计的发电机和齿轮箱的容量相匹配。失速控制的主要优点是简单，但也有相当大的缺点。功率相对风速的曲线由叶片的空气动力特性所固定，特别是失速特性。风轮失速后的功率输出的变化是非常不稳定的，到目前为止，其测量值与理论值仍有较大差距，如图 2-8 所示。

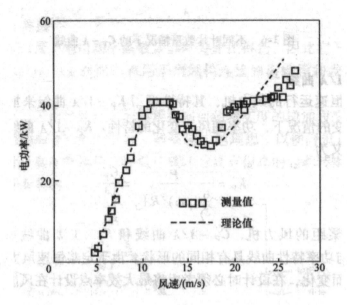

图 2-8　定桨恒速风力发电机组的理论与实际功率曲线

失速叶片同样表现出低的振动阻尼，因为环绕叶片的气流不与低压表面接触，叶片振动对空气动力影响很小。低阻尼使振幅加大，这不可避免地伴随着大的弯曲和应力，造成疲劳损坏。当风轮运转在高湍流的风况时，固定桨叶的风轮可能会承受巨大的气动载荷，这个载荷不可能通过改变叶片的角度而减小。因此，定桨距、失速调节的风电机组比变桨调节的风电机组要承受更重的叶片和塔架载荷。

七、转速变化的影响

定桨恒速风电机组的输出功率被所选定的运行转速限制。如果设定运行转速为一个低的转速，功率将在一个较低风速下达到最大值，这样产生的额定功率是很小的。为了在比失速风速值更高的风速中获取能量，风电机组必须运行在失速条件下，这样运行效率会很低。反之，如果风电机组被设定运行在高转速，它将在高风速条件下获取大量的能量，但是在较低风速条件下，因为高的阻尼损失，运行效率也会是很低的。

另一方面，在低风速时，随着转速的增加，功率有明显的下降，而采用较低的运行转速，将会在低风速中获得较高的功率，如图 2-9 所示，由此产生了在定桨恒速风电机组中使用双速发电机的方法。即选择在高于平均风速水平下获得最大的风能的转速运行，由此将导致较高的切入风速，但是在低风速中采用较低的运行转速则可以降低切入风速，在低风速水平下获得较高的能量转换效率。综合起来，使用双速发电机可以增加能量捕获，但是所增加的能量捕获也可能被额外增加的设备成本所抵消。

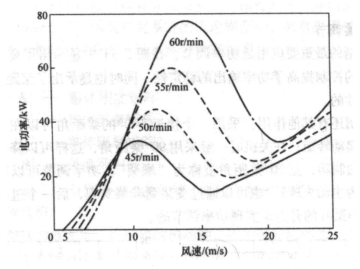

图2-9　定桨距风电机组运行转速与功率输出的关系

八、桨距角变化的影响

影响功率输出的另一个参数是桨距角 β。桨叶一般设计成扭曲的，即不同截面的桨距角其实是不同的，但可以在根部设定整个叶片桨距角。图2-10显示出了桨距角变化所产生的影响。

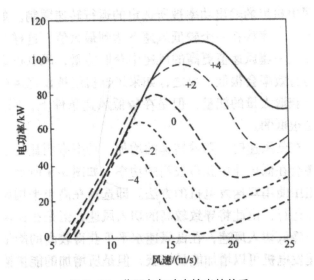

图2-10　桨距角与功率输出的关系

桨距角的一个小变化可以对功率输出产生显著的影响。正的桨距角设定增大了桨距角，减小了攻角；反之，负的桨距角设定增大了攻角，并可能导致失速的发生。为了在特定的风况条件中能最佳运行而设计的定桨恒速风电机组也可以用在其他风况中，只要适当地调节桨叶的安装角（桨距角）和转速就可以了。

九、变桨调节

变桨控制的最重要应用是功率调节。在图 2-11 中显示出了高于额定风速时通过桨距角的控制提高了功率输出的稳定性，同时也显示出了桨距角对于功率的调节是非线性的。

变桨控制还有其他作用：采用一个接近于 0°的桨距角可以在风轮起动时产生一个大的起动转矩；在关机时一般采用 90°桨距角，这样可以降低风轮的空转速度以便施加制动，正 90°桨距角被称为"顺桨"。功率调节可以通过变桨到失速实现（称为主动失速），也可以通过变桨到顺桨实现，后一个过程是通过减小攻角达到减小桨叶的升力来实现功率调节的。

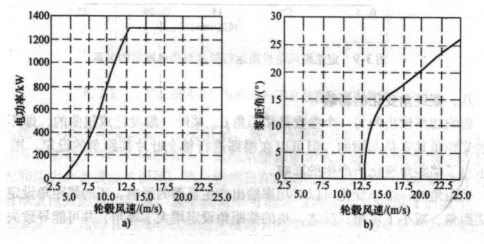

图 2-11　变桨控制保持大风情况下的稳定功率

第二节　传动系统的动态特性

传动系统主要是由风轮、低速轴、齿轮箱、高速轴和发电机转子组成的。

风电机组的传动系统通常可以看成是由有限个惯性元件、弹性元件及阻尼元件组成的系统。因此在建立风电机组系统的机理模型中，通常采用弹簧阻尼质量系统为力学模型。

一、刚性轴模型

刚性轴模型认为低速轴、齿轮箱的传动轴、高速轴是刚性的，风轮转子和发电机转子只有一个旋转自由度，高速轴与低速轴之间的速度比在任何时刻为固定值。假如传动系统的扭转刚度很大时，这种模型能适应于所有计算。发电机和风轮的加速度来自气动转矩与发电机反转矩之间的不平衡。

如果要建立更详细的模型，则可在发电机转动惯量上叠加高速轴联轴器和制动圆盘的转动惯量，在风轮转动惯量上叠加低速轴的转动惯量。如要简化计算，则因通常风轮转动惯量折算到高速轴后也远大于发电机转动惯量，所以有时可以忽略计算发电机转动惯量。

二、两质块柔性轴模型

柔性轴模型认为低速轴和高速轴是柔性的，它允许风轮转子和发电机转子有各自的旋转自由度。风轮转子的加速度依赖于气动转矩和低速轴转矩之间的不平衡。发电机转子的加速度依赖于高速轴转矩和发电机反转矩之间的不平衡。轴的转矩可以通过式子 $T=k\theta+B\theta$（T、k、B、θ 分别为传动轴的转矩、刚度、阻尼、角位移）来计算。下面分别分析传动系统各个组成部分的动态特性。

可以用一个简单的弹簧 - 质量 - 阻尼模型来描述风轮和低速轴的动态特性。

一个机构的刚度 k 是指弹性体抵抗变形（弯曲、拉伸、压缩等）的能力，对于旋转轴系统而言，其定义为刚度＝施加转矩 / 形变角度。系统的阻尼黏性系数 D 的定义为角速度增加 $\Delta\omega$ 引起转矩下降 $\Delta\omega$ 的度量，即 $D=\Delta T/\Delta\omega$。

第三节 发电机及变流器的特性

一、普通异步发电机的特性

图 2-14 所示为异步电机的等效电路，当图中 I_s 为输出方向时，电机即运行于发电模式。

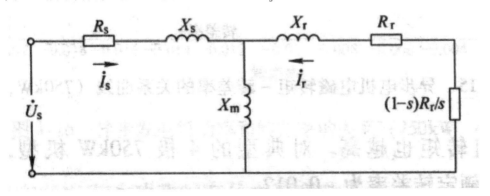

图 2-12 异步电机的等效电路

（一）机械特性

对于异步电机，由电机学公式可知，电磁转矩与转差率的关系如下：

$$\begin{cases} T_e = \dfrac{pm}{2\pi f_1} \dfrac{U_s^2 \dfrac{R_r}{s}}{\left(R_s + \sigma \dfrac{R_r}{s}\right)^2 + (X_s + \sigma X_r)^2} \\[4mm] \sigma = 1 + \dfrac{Z_s}{Z_m} \approx 1 + \dfrac{X_s}{X_m} \end{cases} \qquad (2\text{-}10)$$

式中 m ——相数；

     P ——极对数；

     f_1 ——电网频率；

     S ——转差率。

异步电机在同步转速以上作发电机运行，在同步转速以下作电动机运行，在同步转速附近时，其转矩—转速曲线近似为直线。定桨恒速风力发电机组的实际运行区域为略大于同步转速的窄小范围，在此范围内转速越高则对应的发电机转矩也越高。在转差率很小时转矩曲线近似为直线，式（2-10）可近似为

$$T_e' = \frac{pm}{2\pi f_1} \frac{U_s^2}{\sigma^2 R_r} s \qquad (2\text{-}11)$$

可见，在转差率很小的情况下，电磁转矩与转差率近似为线性关系。

（二）电气特性

定桨恒速风电机组中使用的笼型异步发电机具有以下特点：

第一，发电机励磁消耗无功功率，皆取自电网。应选用较高功率因数的发电机，并在机端并联电容。

第二，大部分时间处于轻载状态，要求在中低负载区效率较高，希望发电机的效率曲线平坦。

第三，风速不稳，易受冲击机械应力，希望发电机的机械特性不能太硬。

第四，并网瞬间与电动机起动相似，存在很大的冲击电流，应在接近同步转速时并网，并加装软起动限流装置。

由等效电路可计算发电机对外阻抗 $Z_g = R_g + jX_g$，进而计算有功和无功功率。显然在特定的电网电压和频率下，有功功率 P 和无功功率取决于转差率 s。

机组在发出有功功率时有从电网吸收无功功率的需求，所以在机组设计时要适当选配电容组或 SVC 进行无功补偿。

（三）转子电阻的调节

有限变速的全桨变距风电机组采用的发电机为绕线转子异步发电机，通过集电环/电

刷结构在外部以电力电子器件调节转子电阻来调节发电机在工作区域的转矩/转速斜率,提高系统的控制柔性。

有限变速的全桨变距风电机组可调速的范围在同步转速以上,通常为10%额定转速。虽然该方式可以获得较好的控制柔性,但也会带来转差功率损耗,增加转子电阻的发热量。

二、双馈异步发电机及变流器的特性

(一)双馈异步发电机及变流器的工作原理

变速恒频风电机组目前广泛采用的是交流励磁变速恒频发电技术,采用双馈异步发电机(Doubly Fed Induction Generator),定子直接接到电网上,转子通过三相变流器实现交流励磁。

在研究风力发电机及变流器的特性之前,我们有必要首先来了解变速恒频双馈发电技术的基本原理。

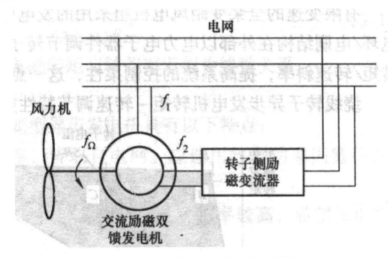

图2-13 变速恒频双馈发电技术原理图

图2-13中定子绕组并网,而转子绕组外接励磁变流器实现交流励磁。当发电机转子频率 f_Ω 变化时,控制励磁电流频率 f_2 来保证定子输出频率 f 恒定,即

$$f_1 = n_p f_\Omega + f_2 \tag{2-12}$$

式中 n_p——发电机极对数。

这样,当发电机转速低于气隙磁场旋转速度时,做亚同步运行,有 $f_2 > 0$,变流器向发电机转子提供正相序励磁。在不计损耗的理想条件下,有

$$P_2 \approx s P_1 \tag{2-13}$$

式中 P_1——定子输出电功率;

P_2——转子输入电功率。

因转差率 $s > 0$，有 $P_2 > 0$，变流器向转子输入有功功率。

当发电机转速高于气隙磁场旋转速度时，做超同步运行，$f_2 < 0$。此时，一方面变流器向转子提供反相序励磁，另一方面因 $s < 0, P_2 < 0$，转子绕组向变流器送入有功功率。当发电机转速等于气隙磁场旋转速度时，$f_2 = 0$，变流器向转子提供直流励磁。此时，$s = 0, P_2 = 0$，变流器与转子绕组之间无功率交换。由此可见，发电机励磁频率的控制是实现变速恒频的关键。

在追踪最大风能捕获的变速运行中，使风电机组在不同风速下均能以保持风能利用系数 $C_P = C_{P\max}$ 的最佳转速运行。而要保持恒定的 C_P，可以通过调节发电机的有功功率来改变其电磁阻力转矩，进而调节机组转速，这是通过发电机定子磁链定向矢量变换控制来实现的。

（二）发电机及变流器的特性

1. 基本关系

类似于普通异步电机的等效电路，双馈异步电机的等效电路如图 2-14 所示。

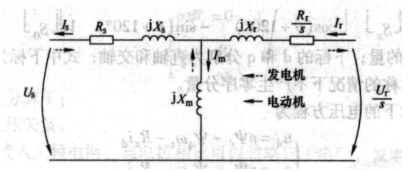

图 2-14　双馈异步电机的等效电路

由图 2-14 可得

$$\begin{cases} U_s = (R_s + jX_s)I_s + jX_m(I_s + I_r) = R_s I_s + j\omega_1[L_s I_s + L_m(I_s + I_r)] \\ U_r = (R_r + jsX_r)I_r + jsX_m(I_s + I_r) = R_r I_r + js\omega_1[L_r I_r + L_m(I_s + I_r)] \end{cases} \quad (2\text{-}14)$$

从而电磁转矩为

$$T_e = \frac{3}{2}n_p X_m \operatorname{Re}\left[jI_s^* I_r \right] \quad (2\text{-}15)$$

式中，I_s^* 为 I_s 的共轭值。以及有功功率和无功功率的表达式为

$$\begin{cases} P_{\mathrm{s}} = \dfrac{3}{2}\mathrm{Re}\left(U_{\mathrm{s}}I_{\mathrm{s}}^{*}\right) \\[2mm] Q_{\mathrm{s}} = \dfrac{3}{2}\mathrm{Im}\left(U_{\mathrm{s}}I_{\mathrm{s}}^{*}\right) \end{cases} \qquad (2\text{-}16)$$

$$\begin{cases} P_{\mathrm{r}} = \dfrac{3}{2}\mathrm{Re}\left(U_{\mathrm{r}}I_{\mathrm{r}}^{*}\right) \\[2mm] Q_{\mathrm{r}} = \dfrac{3}{2}\mathrm{Im}\left(U_{\mathrm{r}}I_{\mathrm{r}}^{*}\right) \end{cases} \qquad (2\text{-}17)$$

2. 坐标变换

由电机学的坐标变换理论可知，若将在固定轴线（定子）上的电压、电流和磁链变换到旋转的轴线（转子）上来，可以将电机中随转子转角 θ 而变化的自感和互感变换成常值，从而使恒速运行时电机的电压方程，从时变系数的微分方程变换为常系数微分方程，进而使求解大为简化。

设 S 代表要变换的定子量（电流、电压或磁通），可以用矩阵形式写出变换为

$$\begin{bmatrix} S_{\mathrm{d}} \\ S_{\mathrm{q}} \\ S_{0} \end{bmatrix} = \frac{2}{3} \begin{pmatrix} \cos(\theta) & \cos\left(\theta-120^{\circ}\right) & \cos\left(\theta+120^{\circ}\right) \\ -\sin(\theta) & -\sin\left(\theta-120^{\circ}\right) & -\sin\left(\theta+120^{\circ}\right) \\ \dfrac{1}{2} & \dfrac{1}{2} & \dfrac{1}{2} \end{pmatrix} \begin{bmatrix} S_{\mathrm{a}} \\ S_{\mathrm{b}} \\ S_{\mathrm{c}} \end{bmatrix} \qquad (2\text{-}18)$$

式中 p ——微分算子；

ω_{r} ——用电角表示时转子的旋转角速度。

3. 磁场定向

双馈电机可以采用磁场定向的方法进行控制，磁场定向矢量控制基于电机动态方程，通过控制电机电流矢量与定向磁场矢量的夹角和大小来实现对无功功率和有功功率的控制。在双馈发电系统中，通常使用定子磁场定向矢量控制。

图 2-15 为发电机并网分析用参考坐标系示意图，其中 $\alpha_{\mathrm{s}} - \beta_{\mathrm{s}}$ 为定子两相静止坐标系，α_{s} 轴取定子 A 相绕组轴线正方向。$\alpha_{\mathrm{r}} - \beta_{\mathrm{r}}$ 为转子两相坐标系，α_{r} 取转子 a 相绕组轴线正方向。$\alpha_{\mathrm{r}} - \beta_{\mathrm{r}}$ 坐标系相对于转子静止，相对于定子绕组以转子角速度 ω_{r} 逆时针方向旋转。$d - q$ 坐标系是两相旋转坐标系，以同步速 ω_{1} 逆时针旋转。α_{s} 轴与 α_{r} 轴的夹角为 θ_{r}，d 轴与 α_{s} 轴夹角为 θ_{s}。

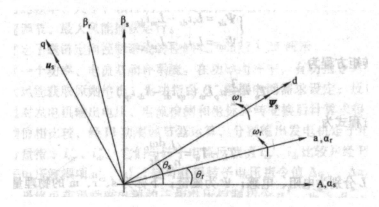

图 2-15　坐标变换系统

为实现发电机有功、无功的解耦和独立调节，控制系统采用了发电机定子磁链定向矢量变换控制，所采用的 $d-q$ 坐标系的 d 轴与定子磁链矢量 Ψ_s 的方向重合，并按电动机惯例建立发电机数学模型。在磁链定向矢量控制的前提下，有

$$\begin{cases} p\Psi_s = 0 \\ \Psi_s = \dfrac{u_s}{\omega_1} \end{cases} \tag{2-19}$$

式中　p ——微分算子；

　　　u_s ——电压矢量。

由于定子接入工频电网，与电抗相比可以忽略定子电阻，发电机端电压矢量 u_s 应该超前定子磁链矢量 Ψ_s 90°，即位于 q 轴正方向。

通过双馈变流器可以实现对发电机定子和网侧变流器输出的有功功率和无功功率的独立控制。由变流器的 d、q 轴电流控制目标可得到 d、q 轴的电压控制目标，进而通过坐标旋转变换 $(2\Phi/3\Phi)$ 可得到发电机转子三相电压控制目标，从而产生励磁变频电源所需的 PWM 指令，控制 PWM 变流器产生所需的频率、大小、相位的三相交流励磁电压，最终实现发电机组功率控制、转速调节、最大风能捕获运行。

交流励磁发电技术关键在于其定转子之间的解耦以及磁场定向的问题，利用坐标变换和定子磁场定向可以很好地解决这两个问题。通过矢量控制的基本原理，可以得出交流励磁发电机定子磁场定向下的系统控制框图。由于交流励磁发电机的空载并网可以看作是其正常工作状态的一种特殊情形，故在实现了对交流励磁发电机的控制之后可以进一步研究其空载并网策略。

三、永磁同步发电机及变流器的特性

永磁同步发电机的转子以稀土永磁体作为励磁，不需要励磁绕组和集电环，减小了励磁损耗，在结构上更加可靠。和同样容量及形式的绕线转子同步发电机相比，永磁发电机由于磁能积大，不存在励磁损耗，从而体积和质量更小，有利于机组大型化的趋势。永磁发电机因为无集电环 / 电刷结构，所以不需要这部分的维护，但是永磁发电机由于励磁能量不可调节，永磁体的温度系数也较大，从而在不同负载下的输出电压不稳定。

（一）永磁同步发电机的电压控制

因为永磁同步发电机在不同负载下电压会发生变化，所以需要电力电子器件加以控制，在获得稳定直流电压的情况下进行逆变，向电网输出电压、频率恒定的三相电能。为实现此目的，有以下两种变流器拓扑方案可供选择。

1. 不控整流 + 直流调压 + 可控逆变

这种方式下，整流侧由大功率二极管构成，只控制直流升压部分和交流逆变部分，成本较低，控制简单，发电机定子绕组无须承受高的 du/dt 与电压峰值，但是带来的问题是续流电感和滤波电容的容量很大，直流环节的谐波较大，经过逆变后会对交流电网造成不良影响。虽然与可控整流方式相比，整流器件的成本降低了一些，但大容量的电感和电容元件仍然是昂贵的。

2. 可控整流 + 可控逆变

可控整流解决了永磁同步发电机负载变化时输出电压的波动问题，不像二极管整流方式需要附加直流调压。可控整流能大大减小直流环节的谐波，从而减小滤波电容的容量。该方式可以完全独立地控制电能的有功和无功功率，能电动运行，甚至能作为静止无功发生器工作。其缺点是发电机定子绕组承受较高的 du/dt 与电压尖峰，需要做绝缘加强。

早期的永磁同步发电机型多采用不控整流方式，新开发的机型基本都采用了可控整流方式，这一方面是为了获得更好的控制性能，另一方面也是由于综合成本的考虑和控制技术的发展。

（二）永磁同步发电机与变流器的特性

与双馈机组不同，永磁同步发电机的励磁强度不可调节，只能通过控制定子绕组的电压来实现对发电机转矩的调节。

以转子磁链定向进行发电机三相坐标系 d-q 轴变换，可以得到

$$U_s = u_{qs} + ju_{ds} = m_1 U_d e^{-j\theta} \qquad （2-20）$$

式中   ——幅值参数；

u_{qs}——定子电压的 q 轴分量；

u_{ds}——定子电压的 d 轴分量，由发电机侧的 PWM 控制决定；

θ——负载角。

发电机定子的 d 轴和 q 轴电动势可以表示为

$$\begin{cases} u_{qs} = -Ri_{qs} + \omega_e L_{ds} i_{ds} + \omega_e \Phi_f \\ u_{ds} = -Ri_{ds} - \omega_e L_{qs} i_{qs} \end{cases} \tag{2-21}$$

式中 R——定子电阻；

ω_e——定子电频率；

L_{ds}, L_{qs}——分别为定子漏抗的 d、q 轴分量；

Φ_f——永磁体的磁通量。

经过整理，可得到 d 轴和 q 轴的电流表达式为

$$\begin{cases} i_{qs} = \dfrac{-Ru_{qs} - \omega_e L_{ds} u_{ds} + R\omega_e \Phi_f}{R^2 + \omega_e^2 L_{qs} L_{ds}} \\ i_{ds} = \dfrac{-Ru_{ds} + \omega_e L_{qs} u_{qs} - \omega_e^2 L_{qs} \Phi_f}{R^2 + \omega_e^2 L_{qs} L_{ds}} \end{cases} \tag{2-22}$$

电磁转矩表达式为

$$T_e = \Phi_f i_{qs} + \left(L_{ds} - L_{qs} \right) i_{qs} i_{ds} \tag{2-23}$$

永磁发电机全功率变流方式要求发电机侧的 PWM 变流器能保持直流环节电压的稳定，这样才能保证能向电网逆变输出稳定电压和频率的三相电能。在不考虑变流器损失的情况下，有

$$\frac{\mathrm{d}U_d}{\mathrm{d}t} = \frac{1}{CU_d} \left(-P_c + P_s \right) \tag{2-24}$$

式中，P_c 和 P_s 分别为电网侧和定子侧变流器的有功功率。

电网侧变流器电压为

$$U_c = u_{qc} + \mathrm{j}u_{dc} = m_2 U_d \mathrm{e}^{\mathrm{j}\alpha} \tag{2-25}$$

式中，幅值系数 m_2 和相角 α 由电网侧变流器控制。

变流器输出端通过电抗器滤波后连接电网，变流器输出电压和电网电压存在如下关系：

$$U_c - U_{ex} = \mathrm{j}X_t I_c \tag{2-26}$$

从而电网侧变流器输出电流为

$$I_{c} = \frac{U_{c} - U_{ex}}{jX_{t}} = \frac{-u_{qex} - ju_{dex} + u_{qc} + ju_{dc}}{jX_{t}} \quad （2\text{-}27）$$

那么，经过 d-q 分解后得

$$\begin{cases} i_{qc} = \dfrac{u_{dc} - u_{dex}}{X_{t}} \\[3mm] i_{dc} = \dfrac{u_{qex} - u_{qc}}{X_{t}} \end{cases} \quad （2\text{-}28）$$

于是，输出给电网的无功功率为

$$Q_{grid} = \mathrm{Im}\left[\left(u_{qex} + ju_{dex} \right)\left(i_{qc} - ji_{dc} \right) \right] = u_{dex}i_{qc} - u_{qex}i_{dc} \quad （2\text{-}29）$$

而电网侧变流器的有功功率为

$$P_{c} = \mathrm{Re}\left[\left(u_{qc} + ju_{dc} \right)\left(i_{qc} - ji_{dc} \right) \right] = u_{qc}i_{qc} + u_{dc}i_{dc} \quad （2\text{-}30）$$

在不考虑损失的情况下，这也是输送给电网的有功功率。

永磁发电机全功率变流的关键在于以定子侧 PWM 变流器实现当发电机定子输出电压不稳定时保持稳定的直流过渡电压，以电网侧变流器实现稳定电压、频率的三相电能输出，并独立调节输出有功功率和无功功率。

第三章 风力发电系统及其互补系统

风力发电机只是一个发电设备，它需要和其他部件如控制器（逆变器）和塔架、储能装置、交流配电部件以及传输网络等一起，才能组成一个完整的风力发电系统。中小型的风力发电系统可以并网应用，也就是分布式风电；也可以离网应用。离网应用时系统中的各部分通过母线（bus）连接，母线可以是直流母线（DC-bus），也可以是交流母线（AC-bus）。"母钱"也常称为"总线"。

在离网应用时，由于可再生能源的波动性和随机性，靠单一可再生能源构成的发电系统的效率和稳定性较差，人们根据当地可再生能源资源条件，采用多种可再生能源构成互补发电系统，如风/光互补、风/水互补、风/光/柴互补等，从而大幅度提高系统的稳定性和经济性。

本章介绍各种风力发电系统及其互补系统的构成和配置。

第一节 风力发电系统

发电系统通常由发电单元、控制单位、传输单元和负载单元构成。

在风力发电系统中，发电单元就是风力发电机。如果传输单元是当地电网，这个风力发电系统就是并网式风力发电系统；如果传输单元是当地小电网，不与大电网相连，就是风能离网集中供电系统；如果风能离网发电系统中的负载单元是单一用户，如一个企业、一个住户，这个风能离网发电系统就是单用户的系统。

和大型的风力发电场不一样，中小型风力发电并网运行，都是在靠近负载的地方发电，通常称为分布式发电（distributed generation，DG）。分布式风能系统可以提供可靠的电力供应，包括家庭、学校、农场和牧场、企业、城镇、社区和偏远地区。

从宏观角度看，分布式发电既包括并网的分布式系统，也包括离网的发电系统。系统可以是功率小到1kW或更小的离网风力发电机组，负载是一个独立的蒙古包、一栋偏僻的度假小木屋、移动通信塔，也可以是给家庭、小型企业或小型农业提供电力的10kw甚至更大一些的风力发电机组，乃至为大学校园、生产设施或任何大型能源用户供电的兆瓦级（MW）风力发电机。

严格地说，"分布式风能"是指任何为本地负载提供服务的分布式风能设施。风电项目是根据风电系统最终用途和配电基础设施的位置来定义分布式风电应用，而不是技术规模或项目规模。分布式风能系统的特点是基于以下标准确定的：

第一，接近最终负载：安装在最终负载附近的风力发电机用于满足现场负载或支持本地（分布式或微型）电网的运行；

第二，互连点：连接在电表客户端或直接连接到当地电网。

分布式风能系统通过物理或虚拟方式连接到电表的客户端（用于现场负载）或直接连接到本地配电网或微电网（以支持当地电网运行或抵消附近负载）。这种区分通常将较小的分布式风力系统与由数十或数百兆瓦的风力发电机组成的大规模集中式风力发电场区分开来。

与集中式风力发电场相比，分布式风力发电系统通常较小，但是它们有着显著的优点，包括减少传输期间的能量损失、减少电网公司输电线和配电线路上的负载。近年来，分布式发电也成为国家安全关注的可行能源替代方案。

分布式应用中，风力发电机的规格可能差异很大，它们可能是规格较小的风力发电机组，通常为几千瓦到几十千瓦，不超过 50kW，为家庭、小型农场和牧场以及其他消费者提供能源独立性，并提供对当地电网的支持，为独立住宅（蒙古包、小木屋等）和其他离网场地充电和供电；它们也可能是大到几个兆瓦的风能项目，为农业、商业、工业和机构场所及设施提供绿色能源。通常 50 ~ 500kW 的风力发电机被称为中型风力发电机，超过 500kW 的风力发电机被归入大型风力发电机。也有国家把小型风力发电机的范围延伸到 100kW，中型的为 100kW ~ 1MW，超过 1MW 的为大型风力发电机。

中小型风力发电机并网运行，被称为分布式发电（DG）。分布式发电是指在靠近最终负载的地方发电。

一、无储能并网型风力发电系统

一个和本地电网连接的风力发电系统称为"并网系统"。中小型风力发电机并网运行最常见的方式是无储能并网发电。风力发电机通过电力调节单元（变频器），使它的输出与电网的电力兼容，从而把发出的电量馈送到电网上。

根据分布式并网风能系统的并网供电方式，并网型风力发电系统大致可分为三种类型：

第一，全额上网型。

这种类型系统就地与电网相连，所发出的电全部馈送到电网上。风力发电系统发出的电，经过并网逆变器和变压器，将发出的电全部输送到电网公司的网络上。发电户按国家规定享受分布式上网电价。

这种系统主要由风力发电机组、塔架、并网逆变器和变压器组成。

第二，自发自用余电上网型。

自发自用余电上网型是风力发电机和本地电网一起为最终负载供电。当风较大时，风力发电机就会旋转以捕捉最好的风，提供清洁的电力；当风不够大或不足以满足负载需求时，电网同时为负载供电。当风力发电机发出的电超过负载所需要的电时，只要政策允许，业主可以把多余的电力馈送到电网上，卖给电力公司。

并网风力发电系统由风力发电机组、塔架、并网控制器（逆变器）和双向电表组成。双向电表意味着电流可以从电网流向负载（当风电不足以支撑负载时），也可以由系统流向电网（风能发出的电在供应负载后还有多余）。在国外这种计量方式称为"Net metering"（净值计量）。用户向电网输送的电量可以按国家相关政策收取补贴。

第三，完全自发自用型。

完全自发自用型的并网型风力发电系统应该属于自发自用余电上网型的变异。

和余电上网型一样，风力发电机和本地电网一起为负载供电。当风足够大时，风力发电机向负载提供清洁电力；当风不足以满足负载需求时，风力发电机和电网同时为负载供电；当完全没有风时，负载完全由电网供电。两者最大的区别就是当风力发电机发出的电比负载所需要的电更多时，余电不能上网。在系统组成上的区别就是原来连接电网的双向电表变成了单向电表，即只允许电流从电网流向负载，不允许逆行。

为了保证不上传电量，实现完全自发自用型的并网发电系统只能按照系统负载的大小适当减小系统的功率（这是很困难的，风力发电机的功率会很小。为了避免太小的风力发电系统，有时不得不采用卸荷负载），或者采用储能的方法。

这种系统的结构与自发自用余电上网型相似，区别是把系统中的双向电表换成单向电表。

二、带储能并网型风力发电系统

在一些国家和地区，电网公司不希望这类分布式并网型可再生能源发电系统向电网供电，要求用户尽可能自发自用，这就增加了系统功率配置的困难，因为在大多数情况下风能较好的时候不一定是负载较大的时候，尤其是在半夜，大多数负载都不工作了，而这时风况可能很好。如果要保证在任何时候都不向电网输电，并网型风力发电系统的最大发电量只能和半夜的负载相当，不然就可能发电量有富余。曾经有用卸荷器卸荷的，清洁能源白白浪费掉了，这显然是不合理和不现实的。在这种情况下，系统设计者会在系统中增加储能装置，把多余的电储存起来，供风力较小、发电量不足时使用。

带储能并网型风力发电系统除了有风力发电机组、塔架、并网控制器外，还带有储能装置以及相应的充电控制器和 DC/AC 逆变器。储能装置可以是传统的蓄电池组，也可以是任何其他的新型储能装置，比如锂电池、新型熔盐储能装置、超级电容器、特斯拉的能量墙（powerwall）等等。

其实，用户自带储能的系统还是不少见的。在一些国家或地区，发电能力不足，用户经常遭遇停电，比如南亚某国，即使在首都，每天也是每供应 2h 的电，就要停掉 1h。面对这样的供电现状，用户就自备储能装置，有的是在有电时对储能装置充电，有的是安装风力发电机或其他可再生能源发电设备对储能装置充电，以备不时之需。

三、离网型风力发电系统

除了并网的分布式发电，风力发电系统另一个主要应用领域是离网发电。独立运行风力发电机组系统中主要部件都是通过母线（bus）进行连接的，母线是指多个设备以并列分支的形式接在其上的一条共用的通路。目前在可再生能源独立供电系统中最常见的是直流母线型和交流母线型两种，也有采用交直流混合母线型的。

（一）直流母线型独立运行风力发电机组

直流母线型独立运行风力发电机组由以下主要部件组成：①离网型风力发电机；②塔架；③充电控制器；④蓄电池组；⑤ DC/AC 逆变器（如果系统内有交流负载）。

所有的发电设备和电控设备都在直流端汇合，称为直流母线。直流母线是一个很大的汇流排。风力发电机组需要一个 AC/DC 转换器来连接到母线上。系统中还有蓄电池组、控制和保护充放电的充电控制器。系统可以直接向直流负载供电。如果系统中有交流负载，则需要配置一个 DC/AC 逆变器，将风力发电机发出的交流电经充电控制器向直流负载供电，或通过逆变器向交流负载供电，同时将多余的电量储存在蓄电池内，以备在无风时使用。目前大部分离网独立电站都采用直流母线。

（二）交流母线型独立运行风力发电机组

交流母线型独立运行风力发电机组的组成部件与直流母线型独立运行风力发电机组基本相同。两者最大的区别是电控器（充电控制器和逆变器），原来主导的是直流电，现在主导的是交流电。

交流母线型独立运行风力发电机组所有发电部件都连接到交流母线上。标准交流电输出的交流发电组件可以直接连接到交流母线，而非标准的交流发电组件可能需要一个交流／交流变换器来实现组件的稳定耦合。交流母线型独立运行风力发电机组中最主要的是引入了 AC/DC 双向逆变器。当发电设备发电时，系统可以通过该逆变器向蓄电池充电（AC 向 DC 转换），而当蓄电池向设备供电时，蓄电池中的直流电通过该逆变器向设备提供交流电（DC 向 AC 转换）。它与直流母线型的最大区别是所有的发电设备和用电设备都通过双向逆变器汇集在交流母线上。它的优点是系统扩展容易，缺点是投资较多。如果系统负载中有直流负载，可以选择由蓄电池组向直流负载供电。

（三）交直流混合母线型独立运行系统

当系统中有诸多不同的交流和直流发电设备和负载时，交直流混合母线型连接可能是更合适的系统结构，目前最常见的直流发电设备是太阳能光伏电池。直流和交流发电组件连接在主逆变器上，主逆变器控制交流负载的能源供给。直流负载可以由电池提供。交流发电组件可以直接连接到交流母线上，或者通过一个交流／交流转换器，以保证组件的稳定耦合。

这种系统配备有不同类型的发电设备，如交流的风力发电机、微小水电和燃油发动机，以及直流的太阳能电池（PV）时更为实用。

第二节　互补发电系统

在独立运行的可再生能源供电系统中，风力发电是一项非常成熟的技术，而且我国风资源丰富，农村广大无电地区的分布大多与风资源分布地区重合（除贵州、四川外），具有非常好的发展前景，这对当地的脱贫致富是至关重要的。但是，由于风资源的随机性，纯粹的独立风能发电系统在枯风期会发电不足，给用电带来困难。在许多情况下，希望设计的可再生能源系统能把两种以上的能源结合在一起，从而提高系统的供电质量和可靠性。这种采用两种以上不同能源的发电系统称为互补发电系统。互补发电系统中往往以一种可再生能源为主，另一种（或多种）能源为辅。在以风能为主的互补系统中，风力发电是主要能源，作为辅助能源的可以是另一种可再生能源如太阳能，也可以是矿物燃料发电机组如柴油发电机。目前最常见的是风／光互补发电系统，有时为了确保系统不会停电，给风力独立发电系统或风／光互补独立发电系统加上一台柴油发电机组，构成风／柴互补系统。另外，柴油发电机组也可以由其他的燃油发电机组替代，如用汽油、天然气、煤油、沼气和其他生物燃料的发电机组。

一、对能源资源的要求

互补发电系统对资源的要求，基本上与各种能源形式的独立发电系统一样。然而，在互补发电系统中，也可能是由于两种可再生能源资源都不是很充分，单独用任一种可再生能源来供电都嫌不足，从而需要用一种资源来弥补另一种资源的不足。风速随时间波动较大，不同季节的风能资源也有很大波动。太阳能也随时间变化，北半球的太阳日照往往在夏天是最好的，在冬天会比较差。而且纬度越高，这种冬夏之面的差别越大。太阳能可以在7～9月弥补风能的不足，而冬天1月、11月很好的风力则能弥补那时太阳能的不足。如果风能和太阳能不能互补，则可以用柴油发电机组来对蓄电池组进行充电或作为后备。任何一种技术都有它自己的优缺点和相应的资本投入及运行成本，关键是要根据当地的自然能源资源和相关设备的经济投入，来确定系统的最佳组合和相关能源形式在系统中的配置比例。有许多计算机仿真软件可以用来帮助系统设计者确定系统的配置。

下面介绍一些典型的互补发电系统。在技术上，互补发电系统要比风能或太阳能光伏独立发电系统复杂得多，这种复杂性与系统的规模有关。互补发电系统的规模可能非常小，小到每天只发几千瓦时电，用来给草原上的蒙古包或山区的居民或边防哨所供电；也可能非常大，大到系统装机容量为几个兆瓦，向较大的社区或机构供电。由于互补发电系统常常是为边远地区或孤立海岛的整个社区或大负荷供电，系统的可靠性是系统设计中最主要的考虑因素。

二、离网型风/光互补集中发电系统

风/光互补发电系统包括：①一台或多台风力发电机组；②太阳能电池方阵；③逆变器；④充电控制器；⑤蓄电池组。

系统采用直流母线结构。

系统中风能和光伏的比例要根据当地的自然资源和资金进行优化。风/光互补发电系统提供了比风能独立发电系统或太阳能光伏独立发电系统更高的供电可靠性，以保证在低风速、枯风或者连续阴天时的供电。

三、风/柴互补发电系统

除了风/光互补发电系统，另一种风能互补发电系统是风/柴互补发电系统。加入柴油机、汽油机和煤油机的原因是在某些场合，风和光并不互补。有两种基本的风/柴互补发电系统：直流母线型和交流母线型。直流母线型的风/柴互补发电系统是基于系统中的供电设备总是以直流电的方式供电，且多余的电能被储存在蓄电池组里，以备无自然资源时（无风或无太阳日照）时的应用。它的优点是系统简单可靠，缺点是用于储能的蓄电池组的投入较大。直流母线系统的额定容量一般都比较小，适合较小的社区；对于较大的社区，则采用交流母线系统。交流母线系统的发电设备直接发出交流电，并输入电网，这是一种较经济的方案。一些海岛采用交流母线的结构。

（一）直流母线型风/柴互补发电系统

由风力发电机组发出的电，直接通过充电控制器对系统直流负载供电，同时向蓄电池充电。蓄电池在风力资源不足时，根据负荷的要求向系统提供电力。柴油机组作为一个后备电源在风速较低的时候或者负荷达到高峰的时候启动。柴油发电机组通过充电控制器直接向负荷供电，同时又把剩余的电力用来补充蓄电池，这样可使柴油机组始终工作在较高的负荷状态。当蓄电池充满后或风力足够大时，柴油发电机组将停止运行。这样，柴油机组总是能够在高效率状态下运行并且不会频繁地启动或停止。系统能够最大限度地利用风能，而柴油机组也能始终在理想的工作点附近工作。大部分时间柴油机组是不工作的，因而和传统的柴油发电系统相比，这个系统能最大限度地减少柴油消耗。在风力资源非常丰富的地区，对24h不间断供电的风/柴互补发电系统，风能一般能提供总用电量中的80%～90%。

（二）交流母线型风 / 柴互补发电系统

交流母线的互补发电系统往往不采用蓄电池或者蓄电池只是用来启动柴油发电机组的。在交流母线的互补发电系统中，交流母线是一个基本的汇合点。因此必须非常注意系统中交流电的质量，该质量不应由于可再生能源发电设备的波动而受到影响。

交流母线型互补发电系统的配置随系统规模和系统中可再生能源设备的数量而变化。连接到电网上的可再生能源的量可以用两个术语来描述：瞬时渗透率和平均渗透率。瞬时渗透率是"在某一瞬间可再生能源发电功率相对于系统总功率的比率"，两者（可再生能源发电功率和系统总功率）都用 kW 来表示。瞬时渗透率与电力供应的质量有关，如电压和频率的稳定性，主要在系统设计和运行时考虑。平均渗透率是"可再生能源所发出的电量与在一个特定的时期内的系统总发电量的比率"，一般是一个月或一年，两者（可再生能源发电量和特定时期系统的总发电量）都用 kW·h 来表示。平均渗透率是一个经济参数，用来决定因使用可再生能源后产生的资金节约或损失。这两个指标都取决于系统中所安装的可再生能源设备的容量和当地当时的可再生能源资源。一般而言，平均风能渗透率越高，节约的柴油就越多。

由于交流母线型互补发电系统的储能能力相对于系统的发电能力来说非常小，因而需要用很高的系统控制手段来管理和调度系统的输出，例如，在非柴油机组运行模式和发电量有盈余的时候，就需要对发电设备和负荷进行有效的调节。系统中风能的渗透率越高，要求系统对输出控制和负荷调度的功能就越强。对系统输出进行控制的方法很多，其中包括彻底停止柴油机组的运行。

第一，当风力发电机组发出过多电力时，对风力发电机组的输出进行控制以减少它的输出，这可以通过停止部分风力发电机组工作来实现，也可以通过副翼、机械桨距调节器或电力控制来调节系统的电力输出，在边远地区使用的风力发电机组应当具有上述控制功能；

第二，系统中配置可调度的卸荷器来消耗多余的电力，如电阻型加热器或水处理器；

第三，调度系统中的有效负荷，暂时停止一些不太重要的负荷；

第四，反向驱动柴油机组，把电力输入柴油发电系统中的发电机，把发电机变成电动机，迅速增加系统的负荷，这和汽车下坡时用汽车发动机来控制速度的道理一样；

第五，安装加热器卸荷，同时使得柴油发电机组能够很快地启动；

第六，安装电容组来平滑系统的波动和调整系统的功率因素；

第七，安装同步压缩器或者回转变换器，用来产生反向阻力和控制系统的电压；

第八，用快速反应的卸荷负载来保持系统负荷的平衡，从而控制系统的频率等。

交流母线型互补发电系统使用至少 50kW 或者更大的风力发电机组，因此更适合大社区使用。在小的或中等渗透率的系统中，柴油发电机组往往被用来作为主要提供电力的设备，而在高渗透率系统中，柴油发电机组可能完全停止运行。因此当柴油机组不再运行时，需要采用其他的设备来保证系统中电力的质量。交流母线型互补发电系统中对技术的依赖程度完全取决于系统的渗透率，低渗透率系统除了对风力发电机组进行保养外，往往只需要非常有限的专业技术的支持。然而高渗透率互补发电系统中，需要非常专业的技术力量来支持基础工作。这一点在海岛上是非常难以实现的。

四、风／光／柴互补发电系统

除了上述的互补发电系统外，互补发电系统还可以同时包含风力发电机组、太阳能电池方阵、蓄电池组和柴油发电机组。在这种系统中，柴油机组常常被用来作为后备动力来补充可再生能源资源的不足。这种系统不仅能够为日常生活供电，而且还能为一些小型的生产性负荷供电，如使用小型农牧电动工具和农牧机具修配，为居民和牲畜提取饮用水等。

第四章 逆变器与并网逆变器

第一节 逆变器、逆变器的组成和工作原理

一、逆变器

逆变器是电力电子技术的一个重要应用方面。众所周知，整流器的功能是将 50Hz 的交流电整流成直流电。而逆变器与整流器恰好相反，它的功能是将直流电转换为交流电。这种对应于整流的逆向过程，被称为"逆变"。逆变器也可以叫作"逆变电源"。

单相交流发电机带单相交流负载，三相交流发电机带三相负载。这里无论是单相发电机还是三相发电机，发出的电都必须是标准的三相电。这是因为对大多数标准的交流设备，如家用电器（照明灯、电视机、电冰箱）和需要用交流电来驱动的交流设备，必须提供标准的交流电。大多数中小型风力发电机发出的交流电是非标准的，是电压和频率一直在变化的非标准交流电，不能被直接连接到电网上，或者用来驱动交流用电器，需要通过一定的变换手段，把非标准的交流电转换成标准的交流电，才能用于这些设备。另外，可再生能源是随机波动的，不可能与负载的需求相匹配，需要有储能设备来储存可再生能源发电设备发出来的电，而目前常用的储能设备为蓄电池组，所储存的电能为直流电。然而，以直流电形式供电的系统有很大的局限性。除了少数直流仪器外，大多数家用电器，如荧光灯、电视机、电冰箱、电风扇等均不能直接用直流电源供电，绝大多数动力机械也是如此。另外，当供电系统需要升高电压或降低电压时，交流系统只需加一个变压器即可，而在直流系统中升降压技术与装置则要复杂得多。因此，除针对仅有直流设备的特殊用户外，在风力发电系统中都需要配备逆变器。逆变器还具有自动稳压功能，可以改善可再生能源发电系统的供电品质，从而最大限度地满足无电地区等各种用户对交流电源的需求。

另外，中小型风力发电系统实现分布式并网运行，必须采用交流系统。综上所述，逆变器已成为风力发电系统中不可缺少的重要配套设备。

二、逆变器的基本组成

逆变器由逆变电路、控制电路、滤波电路三大部分组成，主要包括输入接口、电压启

动回路、MOS 开关管、PWM 控制器、直流变换回路、反馈回路、LC 振荡及输出回路、负载等部分。逆变电路完成由直流电转换为交流电的功能，控制电路控制整个系统的运行，滤波电路用于滤除不需要的信号。其中逆变电路的工作还可以细化为三部分：首先，振荡电路将直流电转换为交流电；其次，线圈升压将不规则交流电变为方波交流电；最后，整流使得交流电经由方波变为正弦波交流电。

由 MOS 开关管和储能电感组成的电压变化电路即逆变电路，输入的脉冲经过蜕变放大器放大后驱动 MOS 管做开关动作，使得直流电压对电感进行充放电，这样电感的另一端就能得到交流电压（方波交流电）；PWM 控制器由以下几个功能组成：内部参考电压、误差放大器、振荡器和 PWM、过压保护、欠压保护、短路保护、输出晶体管；LC 振荡及输出电路，是当负载工作时，反馈采样电压，起到滤波和稳定逆变器电压输出的作用，输出正弦波交流电。

三、逆变器基本工作原理

逆变器的作用就是通过功率半导体开关器件的开通和关断，把直流电能变换成交流电能。

逆变器涉及的知识领域和技术内容十分广泛，为了便于风力发电系统用户选用逆变器，这里仅根据逆变器输出交流电压波形的不同和从可再生能源发电应用的角度，对逆变器的基本工作原理、电路构成做简单介绍。

逆变器的种类很多，各自的具体工作原理、工作过程不尽相同，但是最基本的逆变过程是相同的。

第二节　逆变器的分类

一、逆变器的不同分类方式

逆变器可以按很多不同的方式进行分类。

（一）按照逆变器用途分类

按照逆变器用途，逆变器有如下几种。

1. 光伏并网逆变器

光伏并网逆变器是光伏发电系统中最主要的部件之一，它的核心任务是跟踪光伏阵列的最大输出功率，并以最小的转化损耗、最佳的电能质量馈送到电网上。

光伏逆变器还分为集中式逆变器、组串式逆变器、集散式逆变器和微型逆变器。

2. 风力并网逆变器

风力并网逆变器是通过交—直—交变换，把风力发电机所发出的非标准交流电，变成高电能质量的标准交流电，并按一定的机理把这高质量的交流电按相位和频率馈送到电网上。

3. 离网逆变器

离网逆变器将电池中存储的直流电转换为可根据需要使用的交流电，它为可再生能源发电系统和标准的交流电器提供了一个接口。

（二）按照逆变器输出分类

按照逆变器输出，逆变器有如下几种。

1. 单相逆变器

逆变器是把直流电逆变成交流电输出，单相逆变就是转换出的交流电压为单相，在中国，单相是 $220V_{ac}$。

单相逆变器的接口处一般有三个插孔，分别标示"N""L""PE"：

L 表示火线（标志字母为"L"，live wire），用红色或棕色线；

N 表示零线（标志字母为"N"，null wire），用蓝色或白色线；

PE 表示地线（标志字母为"E"，earth），用黄绿相间的线。

2. 三相逆变器

三相逆变就是转换出的交流电压为三相，在中国，三相是 $380V_{ac}$，三相电是由三个频率相同、振幅相等、相位依次互差120°的交流电势组成的。

三相逆变器的接口一般有五个插孔，依次为 A、B、C、N、PE。A 相为黄色，B 相为绿色，C 相为红色，N 表示零线，用蓝色或白色线；PE 表示地线，用黄绿相间的线。A、B、C 也有可能是 LI、L2、L3，或者 U、V、Wo

3. 多相逆变器

相当于最常用的三相交流电，三相逆变器是三脚三相（ $n=3$ ），但有些应用场合需要 n 脚 n 相（ $n>3$ ），这样的逆变器就是多相逆变器。

（三）按照逆变器输出交流的频率分类

按照逆变器输出交流的频率，逆变器有如下几种。

1. 工频逆变器

工频逆变器的频率为 50 ~ 60Hz。工频逆变器包含变压器，占据了很大的空间，而且很重。因此工频逆变器的体积大，重量重。

2. 中频逆变器

中频逆变器的频率为 400Hz 至上万赫兹。

3. 高频逆变器

高频逆变器的频率为万至百万赫兹。高频逆变电源首先通过高频 DC/DC 变换技术，将低压直流电逆变为高频低压交流电；然后经过高频变压器升压后，再经过高频整流滤波电路整流成通常均在 300V 以上的高压直流电；最后通过工频逆变电路得到 220V 工频交流电供负载使用。这将大大提高电路的功率密度，从而使逆变电源的空载损耗很小，逆变效率得到提高。高频逆变器一般使用体积小、重量轻的高频磁芯材料，比同等功率的工频逆变器体积和重量小很多。

（四）按照逆变器的输出波形分类

按照逆变器的输出波形，逆变器有如下几种。

1. 方波逆变器

方波逆变器输出的交流电压波形为方波。此类逆变器所使用的逆变线路也不完全相同，但共同特点是线路比较简单，使用的功率开关管数量很少。设计功率一般在数百瓦至数千瓦之间。方波逆变器的振荡器只有"通电"和"断电"两种工作状态时输出的波形，形状如同矩形的波，有的甚至没有负半周波形。

方波逆变器的制作采用简易的多谐振荡器，其优点是线路简单、价格便宜、维修方便；缺点是由于方波电压中还有大量高次谐波，在带有铁芯电感或变压器的负载用电器中将产生附加损耗，对收音机和某些通信设备有干扰。此外，这类逆变器还有调压范围不够宽、噪声比较大等缺点。

2. 阶梯波逆变器

阶梯波逆变器，又称准正弦波（或称改良正弦波、修正正弦波、调制正弦波、模拟正弦波等）逆变器，其输出是若干个幅值递增的方波的叠加，效果比方波有所改善，高次谐波含量减少；当阶梯达到 17 个时，输出波形可实现准正弦波，当采用无变压器输出时，整机效率很高。但准正弦波的波形仍然是由折线组成的，属于方波范畴，连续性不好。阶梯波逆变器实现阶梯波输出也有多种不同线路，输出波形的阶梯数目差别很大，可以满足我们大部分的用电需求，效率高，噪声小，售价适中。缺点是阶梯波叠加线路使用的功率开关管较多，其中有些线路形式还要求有多组直流电源输入，这给太阳能电池方阵的分组与接线和蓄电池的均衡充电都带来麻烦。此外，阶梯波电压对收音机和某些通信设备仍有一些高频干扰。

3. 正弦波逆变器

正弦波逆变器输出的是同我们日常使用的电网一样甚至更好的正弦波交流电。正弦波逆变器能够带动任何种类的负载，但技术要求和成本均高。早期的正弦波逆变器多采用分立电子元件或小规模集成电路组成模拟式波形产生电路，直接用模拟 50Hz 正弦波切割几千赫兹至几万赫兹的三角波产生一个 SPWM 正弦脉宽调制的高频脉冲波形，经功率转换电路、升压变压器和 LC 正弦化滤波器得到 220V/50Hz 单相正弦交流电压输出。但是这种模拟式正弦波逆变器电路结构复杂、电子元件数量多、整机工作可靠性低。随着大规模集成微电子技术的发展，专用 SPWM 波形产生芯片（如 HEF4752、SA838 等）和智能 CPU 芯片（如 MCS51、PIC16H INTEL80196 等）逐渐取代小规模分立元件电路，组成数字式 SPWM 波形逆变器，使正弦波逆变器的技术性能和工作可靠性得到很大提高，已成为当前中、大型正弦波逆变器的优选方案。

正弦波逆变器的优点是输出波形好、失真度很低、对通信设备干扰小、噪声低，此外还有保护功能齐全，对电感性和电容性负载适应性强，整机效率高等优点。缺点是线路相对复杂、对维修技术要求高、价格较昂贵。

人们把正弦波逆变器区分为高频逆变器和工频逆变器，工频逆变器技术成熟，性能稳定，过载能力强，但体积庞大、笨重；高频逆变器是近五六年市场上出现的新技术，它技术指标优越、效率很高，尤其是体积小、重量轻、高功率密度等特点，都是现代电力电子所倡导的，现在已抢占了中小功率逆变器一半以上的市场。有些行业领先者的高频逆变器单元已经做到了很大的功率，从技术发展和生产成本来看，高频逆变器取代工频逆变器将是大势所趋。

另外，高频逆变器还能做到双向变换。当蓄电池组提供能量时，该设备起逆变作用，把蓄电池组内的直流电转换成标准交流电，供交流设备使用；当蓄电池组亏电时，该设备当充电控制器使用，可以利用柴油发电机等提供的电能向蓄电池组充电。

（五）按照逆变器主电路结构分类

按照逆变器的主电路结构，逆变器有如下几种。

1. 单端式逆变器

单端式逆变器分"反激"和"正激"两种。"反激"是在开关管导通时先将能量送到电感，开关断开时再将能量送至负载，确保当开关管导通、驱动脉冲变压器原边时，变压器付边不对负载供电，即原 / 付边交错通断。

"正激"是在开关管导通时就把能量送至负载。通过一只开关器件单向驱动脉冲变压器，确保在开关管导通、驱动脉冲变压器原边时，变压器付边对负载供电。

2. 半桥式逆变器

类似于全桥式，只是把其中的两只开关管（T3、T4）换成了两只等值大电容（C1、C2）。这种电路常常被用于各种非稳压输出的 DC 变换器。半桥式逆变器具有一定的抗不平衡能力，对电路对称性要求不太严格；适应的功率范围较大，从几十瓦到千瓦都可以；开关管耐压要求较低，电路成本比全桥电路低等。主要缺点是电源利用率比较低。

3. 全桥式逆变器

全桥式逆变器由四只相同的开关管接成电桥结构驱动脉冲变压器原边。与推挽结构相比，原边绕组减少了一半，开关管耐压降低一半。主要缺点是使用的开关管数量多，且要求参数一致性好，驱动电路复杂，实现同步比较困难。这种电路结构通常使用在 1kW 以上超大功率开关电源电路中。

4. 推挽桥式逆变器

推挽桥式逆变器呈对称性结构，脉冲变压器原边是两个对称线圈、两只开关管接成对称关系，轮流通断，工作过程类似于线性放大电路中的乙类推挽功率放大器。主要优点是高频变压器磁芯利用率高（与单端电路相比）、电源电压利用率高、输出功率大、两管基极均为低电平，驱动电路简单。主要缺点是变压器绕组利用率低、对开关管的耐压要求比较高。

（六）按照逆变器使用的半导体类型分类

按照逆变器使用的半导体类型，逆变器有如下几种。

1. 晶体管逆变器

早期的逆变器多数用晶体管来实现，输出波形是方波，输入电压范围窄，效率60%左右，短路保护反应迟钝。但是易安装，易维护，成本低。

2. 晶闸管逆变器

晶闸管（SCR）即可控硅。随着电子器件的发展，逆变器中的换流晶体管逐步被晶闸管所替代。

3. 可关断晶闸管逆变器

可关断晶闸管（gate turn-off thyristor，GT0）克服了以前的缺陷，它既保留了普通晶闸管耐压高、电流大等优点，又具有自关断能力，因而在使用上比普通晶闸管方便，是理想的高压、大电流开关器件。

（七）按照逆变器线路原理

按照逆变器的线路原理，逆变器有如下几种。

1. 自激振荡型逆变器

自激振荡型逆变器采用自激振荡线路，即正反馈线路。放大电路在无输入信号的情况下，就能输出一定频率和幅值的交流信号，由此得到稳定的自激输出。自激式变换器属第一代产品。

2. 阶梯波叠加型逆变器

阶梯波叠加型逆变器就是准正弦波逆变器。

3. 脉宽调制（PWM）型逆变器

脉宽调制是靠改变脉冲宽度来控制输出电压，通过改变周期来控制其输出频率，而输出频率的变化可通过改变此脉冲的调制周期来实现。随着电子技术的发展，出现了多种 PWM 技术，其中包括相电压控制 PWM、脉宽调制法（pulse-width modulation，PWM）、随机 PWM、SPWM 法、线电压控制 PWM 等。

4. 谐振型逆变器

谐振型逆变器有串联谐振和并联谐振。串联谐振装置是运用串联谐振原理，使回路产生谐振电压加到试品上，串联谐振目前分为变频式和调感式两大类，它们是通过调节变频源输出频率或用可调式电抗器调节电感量，使回路中电感 L 与试品 C 串联谐振。串联谐振在产品特性上有稳定及可靠性高、自动调谐功能强大、支持多种试验模式、系统人机交互界面友好、保护功能完善等突出优势。串联谐振逆变器所用的振荡电路是用 L、R 和 C 串联的电路。

并联谐振是一种完全的补偿，电源无须提供无功功率，只提供电阻所需要的有功功率。并联谐振也称为电流谐振。并联谐振逆变器所用的振荡电路是 L、R 和 C 并联的电路。

二、逆变器的主要应用类型

（一）离网型独立系统的逆变器

独立运行的风力发电机虽然发出的是交流电，但是不稳定，必须经过蓄电池储能，才能向用户提供连续平稳的电能，而太阳能电池在阳光照射下产生直流电，因此早期的风力发电系统和光伏多数以直流供电，用户用来点 1 或 2 盏直流灯，听收音机（直流电收音机），即使有电视了，也是直流电视。然而绝大多数用电设备，如日光灯、电视机、电冰箱、电风扇、洗衣机、空调以及大多数动力机械都是以交流电工作的，虽然笔记本电脑、手机和数码相机等现代便携式数码产品用的是直流电（电池），但是这些电池需要充电，而用交流电通过充电器对这些电池充电是非常方便的，因此以直流供电的系统有很大的局限性。此外，当电站离最终用户比较远时，电能需要远距离传输。直流电的远距离传输会产生很大的线损，而采用较高电压的交流电传输，相应的损耗就较小。当供电系统需要升高电压或降低电压时，交流系统只需加一个变压器即可，而在直流系统中升压电压的技术就要复杂得多，逆变器的使用很好地解决了这些问题。

（二）并网逆变器

并网逆变器是分散式可再生能源接入配电网的重要接口，随着分布式可再生能源渗透率的不断提高，并网逆变器在传统配电网中的地位越发突出。为了高效完成可再生能源分散式并网，并有效降低并网逆变器对电网的冲击，一些在装置上、结构上和功能上更加先进的并网逆变器不断被研发出来。先进的并网逆变器在结构上能更加灵活地将可再生能源分散接入配电网，适用于可再生能源分散接入，使并网逆变器能虚拟同步发电机，完成自治运行、电能质量治理、系统阻抗检测、网络阻抗控制等辅助控制功能。大型的并网逆变器结构复杂，造价较高（虽然近年来有很大幅度的下降）。并网逆变器主要有光伏并网逆变器和风能并网逆变器。

随着环保意识的加强，人们对可再生能源发电的需求越来越大。目前最成熟的可再生能源技术是风力发电和太阳能光伏发电。光伏发电发出的是直流电，需要采用光伏并网逆变器把光伏电池发出的直流电馈送到电网上。光伏逆变器还分为集中式逆变器、组串式逆变器、集散式逆变器和微型逆变器。

由风力发电的机理以及风能的不稳定性和随机性，风力发电机发出的电能是电压、频率随机变化的交流电，必须采取有效的电力变换措施后才能够将风电送入电网。实现这一功能的就是风能并网逆变器。风力并网逆变器的主要作用是将非标准的交流电变成直流电，再变成标准的交流电并网，其主要目的是提供适配的并网电压和频率以及提高电能质量，其主要构件为整流模块和三相桥式转换器等，也就是说，在光伏并网逆变器的前端再加一个整流模块。

（三）组合式三相逆变器

在村落及户用供电系统中，用电器多数为单相负载，也有少量的三相负载。传统的三相逆变器用在单相负载为主的供电系统中时，经常由于三相负载出现大的不平衡而使逆变器无法正常工作。近年来，一种由单相逆变器组成的三相逆变器方案开始在风力发电系统中得到应用，称为组合式三相逆变器。

第三节　逆变器的主要电路原理

一、逆变器的功率转换电路

逆变器的功率转换电路一般有推挽逆变电路、全桥逆变电路和高频升压逆变电路三种。

推挽逆变电路原理图，将升压变压器的中心抽头接于正电源，两只功率管交替工作，输出得到交流电输出。由于功率晶体管共地连接，驱动及控制电路简单，另外由于变压器具有一定的漏感，可限制短路电流，因而提高了电路的可靠性。其缺点是变压器利用率低，带动感性负载的能力较差。

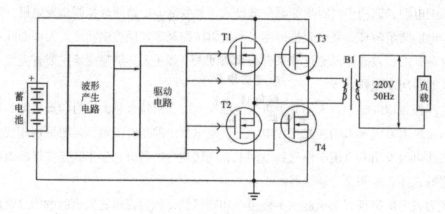

图 4-1   全桥逆变电路原理图

全桥逆变电路克服了推挽电路的缺点，功率开关管 T1、T4 和 T2、T3 反相，T1 和 T2 相位互差 180°，调节 T1 和 T2 的输出脉冲宽度，输出交流电压的有效值即随之改变。由于该电路具有能使 T3 和 T4 共同导通的功能，因而具有续流回路，即使对感性负载，输出电压波形也不会产生畸变。该电路的缺点是上、下桥臂的功率晶体管不共地，因此必须采用专门驱动电路或采用隔离电源。另外，为防止上、下桥臂发生共态导通，在 T1、T4 及 T2、T4 之间必须设计先关断后导通电路，即必须设置死区时间，其电路结构较复杂。

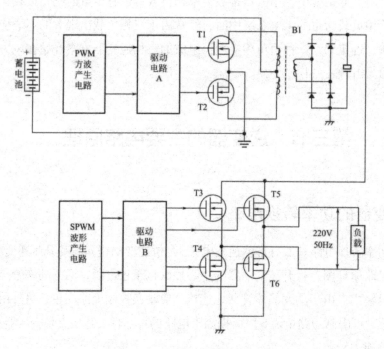

图 4-2   高频升压逆变电路原理图

高频升压逆变电路原理图，由于推挽电路和全桥电路的输出都必须加升压变压器，而工频升压变压器体积大，效率低，价格也较贵，随着电力电子技术和微电子技术的发展，采用高频升压变换技术实现逆变，可实现高功率密度逆变。这种逆变电路的前级升压电路采用推挽结构（T1、T2），但工作频率均在 20kHz 以上，升压变压器 B1 采用高频磁芯材料，因而体积小、重量轻，高频逆变后经过高频变压器变成高频交流电，又经高频整流滤波电路得到高压直流电（一般均在 300V 以上），再通过工频全桥逆变电路（T3、T4、T5、T6）实现逆变。采用该电路结构，使逆变电路功率密度大大提高，逆变器的空载损耗也相应降低，效率得到提高。该电路的缺点是电路复杂，可靠性比前述两种电路偏低。

二、逆变器的控制电路

上述几种逆变器的主电路均需要由控制电路来实现，一般有方波和正弦波两种控制方式。方波输出的逆变器电路简单，成本低，但效率低，谐波成分大。正弦波输出是逆变器的发展趋势，随着微电子技术的发展，具有 PWM 功能的微处理器也已问世，因此正弦波输出的逆变技术已经成熟。

（一）方波输出的逆变器控制集成电路

方波输出的逆变器目前多采用脉宽调制集成电路，如 SG3525、TL494 等。实践证明，采用 SG3525 集成电路，并采用功率场效应管作为开关功率器件，能产生性能价格比较高的逆变器，由于 SG3525 具有直接驱动功率场效应管的能力，并具有内部基准源和运算放大器和欠电压保护功能，因此其外围电路很简单。

（二）正弦波输出的逆变器控制集成电路

正弦波输出的逆变器，其控制电路可采用微处理器控制，单片机均具有多路 PWM 发生器，并设定上、下桥臂之间的死区时间。

三、逆变器的功率器件

逆变器的主功率器件的选择至关重要，目前使用较多的功率器件有达林顿功率晶体管（GTR）、功率场效应管（MOSFET）、绝缘栅晶体管（IGBT）和可关断晶闸管（GTO）等。在小容量低压系统中使用较多的器件为 MOSFET，因为 MOSFET 具有较低的通态压降和较高的开关频率；在高压大容量系统中一般均采用 IGBT 模块，这是因为 MOSFET 随着电压的升高其通态电阻也增大，而 IGBT 在中容量系统中占有较大的优势；在特大容量（100kV·A 以上）系统中，一般均采用 GTO 作为功率器件。

第四节 逆变器的基本特性参数

一、逆变器常用的技术参数

描述逆变器性能的参量和技术条件有很多，这里仅就评价逆变器时常用的技术参数做以下说明。

（一）直流输入电压

逆变器的输入直流电压波动范围为蓄电池组额定电压值的 ±15%。

（二）额定输出电压

额定输出电压是指在规定的输入电源条件下，输出额定电流时，逆变器应输出的额定电压值。以中国国内为例，单相并网逆变器应在电压波动 220V ± 10% 的范围内正常工作；单相离网逆变器的电压波动范围应为 220V ± 10%。对输出额定电压值的稳定精度有如下规定：

第一，在稳态运行时，电压波动范围应有一个限定，例如，其偏差不超过额定值的 ±3% 或 ±5%。

第二，在负载突变（额定负载的 0→50%→100%）或有其他干扰因素影响的动态情况下，其输出电压偏差不应超过额定值的 ±8% 或 ±10%。

（三）输出电压稳定度

在离网可再生能源供电系统中，均以蓄电池为储能设备。当标称为 12V 的蓄电池处于浮充状态时，端电压可达 13.5V，短时间过充状态可达 15V。蓄电池带负载放电终了时端电压可降至 10.5V 或更低。一般来说，蓄电池端电压起伏可达标称电压的 30% 左右，这就要求逆变器具有较好的调压性能，才能保证发电系统以稳定的交流电压供电。

输出电压稳定度表征逆变器输出电压的稳压能力。多数逆变器产品给出的是输入直流电压在允许波动范围内该逆变器输出电压的偏差百分数，通常称为电压调整率。高性能的逆变器应同时给出当负载由 0→100% 变化时，该逆变器输出电压的偏差百分数，通常称为负载调整率。性能良好的逆变器的电压调整率应≤ ±3%，负载调整率应≤ ±6%。

（四）额定输出电流

额定输出电流是指在规定的输出频率和负载功率因数下，逆变器应输出的额定电流值。

（五）额定输出容量

逆变器的选用，首先要考虑具有足够的额定容量，以满足最大负载下设备对电功率的需求。额定输出容量表征逆变器向负载供电的能力。额定输出容量值高的逆变器可带更多的用电负载。但当逆变器的负载不是纯阻性时，也就是输出功率小于 1 时，逆变器的负载能力将小于所给出的额定输出容量值。

对以单一设备为负载的逆变器，其额定容量的选取较为简单，当用电设备为纯阻性负载或功率因数大于 0.9 时，选取逆变器的额定容量为用电设备容量的 1.1 ~ 1.15 倍即可。在逆变器以多个设备为负载时，逆变器容量的选取要考虑几个用电设备同时工作的可能性，专业术语称为"负载同时系数"。

（六）输出电压的波形失真度

当逆变器输出电压为正弦波时，应规定允许的最大波形失真度（或谐波含量）。通常以输出电压的总波形失真度表示，其值不应超过 5%（单项输出指标允许 10%）。

（七）额定输出频率

在规定条件下，固定频率逆变器的额定输出频率为 50Hz，正常情况下，逆变器的频率波动范围为 50Hz ± 1%。

（八）最大谐波含量

对于正弦波逆变器，在阻性负载下，其输出电压的最大谐波含量应为 10%。

（九）过载能力

过载能力是指在规定条件下、较短时间内逆变器输出超过额定电流值而不会损坏的能力。逆变器的过载能力应在规定的负载功率因数下，满足一定的要求，比如输入电压与输出功率为额定值的 125% 时，逆变器应连续可靠工作 1min 以上；输入电压与输出功率为额定值的 150% 时，逆变器应连续可靠工作 10s 以上。过载能力越强，逆变器越可靠，但可能价格较贵。

（十）逆变器输出效率

效率是指在额定输出电压、输出电流和规定的负载功率因数下，逆变器输出有功功率与输入有功功率（或直流功率）之比。逆变器的效率值表征自身功率损耗的大小，通常以百分数表示。容量较大的逆变器还应给出满负载效率值和低负载效率值。提高逆变器效率对离网型可再生能源供电系统提高有效发电量和降低发电成本有着重要的影响。

（十一）负载功率因数

该因数用于表征逆变器带感性负载或容性负载的能力。在正弦波条件下，负载功率因数为 0.7 ~ 0.9（滞后），额定值为 0.9。

（十二）负载的非对称性

在 10% 的非对称负载下，固定频率的三相逆变器输出电压的非对称性 ≤ 10%。

（十三）输出电压的不对称度

在正常工作条件下，各相负载对称时，逆变器输出电压的不对称度 ≤ 5%。

（十四）启动特性

该参数表征逆变器带负载启动的能力和动态工作时的性能。逆变器应保证在额定负载下可靠启动。高性能的逆变器可做到连续多次满负载启动而不损坏功率器件（在正常工作条件下，逆变器在满载负载和空载运行条件下，应能连续 5 次正常启动）。小型逆变器为了自身安全，有时采用软启动或限流启动。

（十五）保护功能

逆变器应设置短路保护、过电流保护、过电压保护、欠电保护及缺项保护等保护装置。可再生能源供电系统在正常运行过程中，因负载故障、人员误操作及外界干扰等原因而引起供电系统过流或短路，是完全可能发生的。逆变器对外电路的过电流及短路现象最为敏感，是可再生能源发电系统中的薄弱环节。因此，在选用逆变器时，要求具有良好的对过电流及短路的自我保护功能。

（十六）干扰与抗干扰

逆变器不应对周围的其他设备产生干扰，同时逆变器应能承受一般环境下的电磁干扰。逆变器的抗干扰性能和电磁兼容性应符合有关标准的规定。

（十七）噪声

当输入电压为额定值时，距离设备水平位置 1m 处，户内型的噪声值应 ≤ 65dB。

（十八）显示

逆变器应设有交流输出电压、输出电流和输出频率等参数的数据显示，并有输入带电、通电和故障状态的信号显示。

（十九）使用环境条件

逆变器正常使用的环境条件为海拔高度不超过 1000m，空气温度范围为 0 ~ 40℃。

二、并网型可再生能源供电系统对逆变器的技术要求

除了上述基本要求和功能外，并网逆变器还需要监控电网电压、相位，需要有孤岛、低压穿越、过 / 欠压、过 / 欠频等功能。并网逆变器要能追踪电网的变化并做出反应。

孤岛效应是指电网突然失压时，并网光伏发电系统仍保持对电网中的邻近部分线路供

电状态的一种效应。

低电压穿越(low voltage ride through , LVRT),指在风力发电机并网点电压跌落的时候,风机能够保持并网,甚至向电网提供一定的无功功率,支持电网恢复,直到电网恢复正常,从而"穿越"这个低电压时间(区域)。

三、离网型可再生能源供电系统对逆变器的技术要求

离网型可再生能源供电系统对逆变器的技术要求如下:

(一)具有较高的逆变效率

由于目前可再生能源发电的成本还较高,为了最大限度地利用可再生能源,提高系统效率,必须设法提高逆变器的效率。

(二)具有较高的可靠性

离网型可再生能源供电系统主要用于偏远地区,许多电站无人值守和维护,这就要求逆变器具有合理的电路结构、严格的元器件筛选程序,并要求逆变器具备各种保护功能,如输入直流极性接反保护,交流输出短路保护,过热、过载保护等。

(三)直流输入电压有较宽的适应范围

由于可再生能源供电现有设备的输入电压变化范围较大,蓄电池虽然对太阳能电池的电压具有钳位作用,但由于蓄电池的电压随蓄电池剩余容量和内阻的变化而波动,特别是当蓄电池老化时其端电压的变化范围很大,如12V蓄电池,其端电压可在 $10 \sim 16V$ 之间变化,这就要求逆变器在较大的直流输入电压范围内保证能正常工作,并保证交流输出电压的稳定。

(四)中、大容量的可再生能源供电系统

逆变器的输出应为失真度较小的正弦波这是由于在中、大容量的系统中,若采用方波供电,则输出将含有较多的谐波分量,高次谐波将产生附加损耗,许多可再生能源供电系统的负载为通信或仪表设备,这些设备对供电品质有较高的要求。

第五节 逆变器的选择与使用

一、选择逆变器的功率

逆变器主要用来驱动系统的负载,负载分阻性负载和感性负载两类。当统计系统中的负载时,应分别统计阻性负载和感性负载;然后,按阻性负载乘以 $1.5 \sim 2$ 倍,感性负载

乘以 5 ~ 7 倍后得到所需逆变器的总功率。一般情况下，逆变器不应该工作在满负载状态，所以还应留有一定的余地。计算公式如下：

$$P = \sum_{i=1}^{n} \left(W_i N_i\right) \times (1.5 \sim 2) + \sum_{k=1}^{l} \left(W_k M_k\right) \times (5 \sim 7) \tag{4-1}$$

式中，W_i 为不同的阻性负载功率；N_i 为该类阻性负载的数量，总共为 1 ~ n 类；W_k 为不同的感性负载功率；为该类阻性负载的数量，总共为 1 ~ l 类。

（一）视在功率

在具有阻抗的交流电路中，电压有效值与电流有效值的乘积即为"视在功率"，它不是实际做功的平均值，也不是交换能量的最大速率，只是在电机或电气设备设计计算较简便的方法，关系如下：视在功率的平方 = 有功功率的平方 + 无功功率的平方，所以，视在功率、有功功率和无功功率三者是三角函数关系，即：

$$S^2 = P^2 + Q^2 \tag{4-2}$$

（二）有功功率

它是指一个周期内发出或负载消耗的瞬时功率的积分的平均值（或负载电阻所消耗的功率），这些电能转化为其他形式的能量（热能、光能、机械能、化学能等），又叫作平均功率。交流电的瞬时功率不是一个恒定值，功率在一个周期内的平均值叫作有功功率，它是指在电路中电阻部分所消耗的功率，单位瓦特。

（三）无功功率

"无功"并不是"无用"的功率，只不过它的功率并不转化为其他形式的能量（热能、光能、机械能、化学能等）。

（四）功率因数

在功率三角形中，功率因数 = 有功功率（P）/ 视在功率（S），即：

$$\cos\varphi = P / S = P / \sqrt{P^2 + Q^2} \tag{4-3}$$

当功率因数等于 1 时，无功功率等于 0，视在功率等于有功功率，当然这是最理想的状态。但实际情况是，功率因数都小于 1，一般为 0.7 ~ 0.9，有时候会更低，因此，在选择逆变器的时候也要重点关注功率因数这个参数。

二、考虑系统中的感性负载

先要明确什么是感性负载，简单地说，感性负载就是应用电磁感应原理制作的功率大小不一的电器产品，如压缩机、电动机、水泵等。

感性负载在启动时需要一个比维持自身正常工作所需电流大得多的启动电流，一般来说，启动电流为额定电流的 5 ~ 7 倍。例如，一台在正常运转时耗电 200W 左右的水泵，其启动功率可高达 1000W。所以在选择逆变器时，要选相对容量大的。很多逆变器不能带动冰箱的原因就是如此。

此外，由于感性负载在接通电源或者断开电源的一瞬间会产生反电动势电压，这种电压的峰值远远大于逆变器所能承受的电压值，很容易引起逆变器的瞬时超载，从而缩短逆变器的使用寿命。因此，这类电器对逆变器的过载保护能力要求也较高。

三、选择逆变器的类型

逆变器的性能好坏对发电系统影响非常大。低性能的逆变器如方波逆变器、准正弦波逆变器，它们的实际效率只有 60% ~ 70%，低负载（10% 额定功率）时只有 35% ~ 45%。高性能逆变器如正弦波逆变器，它们的效率有 95%，低负载时效率达到 85%。

当然好的逆变器价格相对要贵一些，系统设计者要在性能和资金投入方面做好平衡。

四、考虑系统内逆变器的配置

一旦系统中逆变器的容量决定了，比如 10kW，就可以选择 1 台 10kW 逆变器来满足系统的需要，也可以选择 2 台或者 2 台以上的逆变器来组合成需要的功率，比如 2 台 5kW 的逆变器。逆变器可以并联使用，但是必须是同一厂家、同一型号、可并联的逆变器才可以并联使用。因为逆变器的并联不同于直流电源的并联，逆变电源输出的是时变、交变的正弦波，这就对可并联逆变器有了更高的要求：

第一，各逆变器之间及与系统之间的频率、相位、幅值必须达到一致或小于容许误差时才能投入，否则可能给电网造成强烈冲击或输出失真，且并联工作过程中，各逆变器也必须保持输出一致，否则频率微弱差异的积累将造成并联系统输出幅度的周期性变化和波形畸变；相位不同使输出幅度不稳。

第二，功率的分配包括有功功率和无功功率的平均分配，即均流包括有功均流和无功均流。直流电源的均流技术不能直接采用。

第三，故障保护。除逆变器单机内部有完善的故障保护措施外，当均流或同步异常时，还要有将相应故障逆变器模块切除的措施，必要时还要实现不中断转换。

五、考虑海拔高度的影响

高海拔对电气设备的主要影响是绝缘和温升两方面。对不同的电气设备，影响的侧重点不同。

（一）高压开关设备

海拔升高，气压降低，空气的绝缘强度减弱，使电器外绝缘能力降低而对内绝缘影响很小。由于设备的出厂试验是在正常海拔地点进行的，因此，根据 IEC 出版物 694，对于开关设备以其额定工频耐压值和额定脉冲耐压值来鉴定绝缘能力，对于使用地点超过 1000m 时，应做适当校正。

随着海拔的升高，空气密度降低，散热条件变差，会使高压电器在运行中温升增加，但空气温度随海拔高度的增加而逐渐降低，基本可以补偿由于海拔升高对电器温升的影响。

但对于阀式避雷器来说，情况就较为复杂。由于避雷器自身并不密封，其阀片的间距不可调，因此其火花间隙的放电电压易受空气密度的影响，所以应向设备厂商注明海拔高度，或使用高压型阀式避雷器。

（二）低压电气设备

1. 温度

现有一般低压电器产品，使用于高原地区时，其动、静触头和导电体以及线圈等部分的温度随海拔高度的增加而递增。其温升递增率为海拔每升高 100m，温升增加 0.1 ~ 0.5K，但大多数产品均小于 0.4K。而高原地区气温随海拔高度的增加而降低，其递减率为海拔每升高 100m，气温降低足够补偿由海拔升高对电器温升的影响。因此，低压电器的额定电流值可以保持不变，对于连续工作的大发热量电器，可适当降低电源等级使用。

2. 绝缘耐压

普通型低压电器在海拔 2500m 时仍有 60% 的耐压裕度，且对国产常用继电器与转换开关等的试验表明，在海拔 4000m 及以下地区，均可在其额定电压下正常运行。

3. 动作特性

海拔升高时，双金属片热继电器和熔断器的动作特性有少许变化，但在海拔 4000m 下时，均在其技术条件规定的特性曲线"带"范围内，RTO 等国产常用熔断器的熔化特性最大偏差均在容许偏差的 50% 以内。而国产常用热继电器的动作稳定性较好，其动作时间随海拔升高有显著缩短，根据不同的型号，分别为正常动作时间或正常动作时间的 40% ~ 73%。也可在现场调节电流整定值，使其动作特性满足要求。低压熔断器非线性环境温度对时间 - 电流特性曲线研究表明，熔体的载流能力在同样的较小的过载电流倍数情况下（即轻过载），熔断时间随环境温度的减小而增加，在 20℃ 以下时，变化的程度则更大；而在同样的较大的过载电流倍数情况下（即短路保护时），熔断时间随环境温度的变化可不作考虑。因此，在高原地区使用熔断器开关作为配电线路的过载与短路保护时，其上下级之间的选择性应特别加以考虑。在采用低压断路器时，应留有一定的断路与工作裕量。由此可见，熔断器在高原的使用环境下，其可靠性和保护特性更为理想。

海拔高度对电器的温升、绝缘强度和分断能力都有影响。因为海拔升高，空气稀薄，即使电器的散热条件变差，又给电弧的熄灭带来了困难。据试验，海拔每升高 100m，温升要增大 0.1 ~ 0.5℃，而气温则降低 0.5℃，所以海拔高度对温升的影响很小，可以不考虑。绝缘强度和分断能力则不然，一般海拔每升高 100m，电气间隙和漏电距离的击穿强度将降低 0.5% ~ 1%。因此，将电器用于海拔高度超过 2000m 的地区时，应增大电器的绝缘强度，并且降低对分断能力的要求。

另外，高海拔会引起空气介电常数的变化，从而引起电路分布参数变化，高频电路性能可能发生明显劣化。

逆变器是上述所述的电气设备的一种，以上这些高海拔对电气设备的影响同样会作用于逆变器，高海拔对逆变器的主要影响表现为：

第一，海拔高了后，容易放电，因此绝缘等级要升高；

第二，由于空气稀薄，空气对需冷却的部件的散热效率降低，因此要降低功率使用，这需要根据具体的海拔和散热条件进行计算。

六、选择逆变器的一般步骤

（一）根据对全部负载的分析确定额定输出容量

额定输出容量值越高的逆变器可带越多的用电负载，但是过大的逆变器容量会导致投资增加，造成浪费。

（二）输出电压稳定度

输出电压的稳定度直接影响供电品质。廉价的逆变器往往输出波形失真，电网稳定度差，严重的会导致用电器无法正常工作。

（三）整机效率

逆变器整机效率为另一个重要指标。整机效率低说明逆变器自身功率损耗大。逆变器效率的高低对风力发电系统提高有效发电量和降低发电成本有重要影响。市面上有一些汽车用逆变器，它可以插在点烟器上，产生 220V 交流电，供车上乘员使用交流设备（车载电视机、DVD 机）等。这类逆变器非常便宜，但是效率很低，用在汽车上问题不大，但用在可再生能源独立电站上，能源的损失就太大了，尤其对于那些原本装机容量不足的可再生能源电站。

（四）必要的保护功能

过电压、过电流及短路保护是保证逆变器安全运行的最基本措施。功能完美的正弦波逆变器还具有欠电压保护、缺相保护及温度越限报警等功能。

（五）启动性能

逆变器应保证在额定负载下可靠启动。高性能的逆变器可做到连续多次满负载启动而不损坏功率器件。

选用离网型风力发电机组系统用的逆变器时，除依据上述 5 项基本评价内容外，还应注意以下几点：

第一，应具有一定的过载能力。

过载能力一般用允许过载的能力和允许过载的时间来描述。在相同额定功率下，允许过载的能力越大，允许过载的时间越长，逆变器就越好，但是价格可能也越贵。

第二，应具有较宽的输入电压范围。

逆变器的输入为蓄电池的直流电，处于储能状态的蓄电池组的电压会在额定电压的一定范围内上下波动。较宽的输入允许范围对系统的输出供电有利，但也可能造成蓄电池组的过放，应适当选择。

第三，在各种负载下具有高效率或较高效率。

整机效率是描述逆变器的一个指标，整机效率高一般是指逆变器在最佳负载的情况。实际上，逆变器的负载不可能一直是最佳的，负载可大可小。应该了解该逆变器在不同负载条件下的效率，选择负载不同的情况下效率都相对较高的逆变器。

第四，应具有良好的过电流保护与短路保护功能。

这些保护功能是最基本的、必需的。不然，不是损坏用电设备就是损坏逆变器。

第五，维护方便。

高质量的逆变器在运行若干年后，因元器件失效而出现故障，应属于正常现象。除生产厂家需有良好的售后服务系统外，还要求生产厂家在逆变器生产工艺、结构及元器件选型方面具有良好的可维护性。例如，损坏元器件有充足的备件或容易买到，元器件的互换性好；在工艺结构上，元器件容易拆装，更换方便。这样，即使逆变器出现故障，也可迅速恢复正常。

（六）确定并选择逆变器的输出

还应计算确认用电器功率，确定其峰值功率，输入的电压、电流、频率等。

峰值功率即指当开启设备的瞬间，用电器要开起来所用的功率。峰值功率是不同于额定功率的。一般来说，电阻性负载如灯泡是不存在峰值问题的，但对感性、容性的电器来说，一般存在 3 ~ 5 倍的峰值，因此，买逆变器就要注意，大多数逆变器都是双倍峰值的。如电视机，标称额定功率 75W，但峰值是 5 倍，那峰值就是 350W，这样你用 100W 的逆变器是开不起来的，因为 100W 的逆变器只有 200W 的峰值；如果我们选用 300W 的逆变器，它有 600W 的峰值，就可能开起来了。

（七）逆变器功率选择推荐参数

第一，如果是阻性负载，逆变器功率 = 实际负载功率 × 倍数（1.5 ~ 2 倍）；

第二，如果是感性负载，逆变器功率 = 实际负载功率 × 倍数（5 ~ 7 倍）；

第二，如果是容性负载，逆变器功率 = 实际负载功率 × 倍数（3 倍）。

并网逆变器除了上述的各项考虑外，还要考虑逆变器是否具有监控电网电压和相位，是否有孤岛、低压穿越、过 / 欠压、过 / 欠频等功能。

七、控制逆变一体机

有些生产企业把风能 / 太阳能的充电控制器和逆变器集成在一个控制机壳内，成为控制逆变一体机，这类控制逆变一体机有优点也有缺点。

（一）优点

设备占用空间小，控制逆变一体机无须摆放多台设备，功能集成度较高，操作简便、容易掌握，更加经济实用。一体机的成本低于购买多台单功能设备的总和，性价比非常高。现场安装时可省去多条连线，节省操作时间，提高工作效率，尤其适合偏远、交通不便的无电地区单户型使用。

（二）缺点

由于控制逆变一体机集成度高，内部空间较小，散热性能较单台设备差，对电器元件的稳定性要求更高；控制、逆变都在一个空间内，某一部分出现故障时，可能影响到其他部分，故障的检修排除较烦琐；扩容升级成本浪费较大，尤其对于用电要求较高的客户很难满足。控制逆变一体机性能固定服务于某种特定风力发电电源，由于市场上的风力发电产品各具特点，一种控制方式是不可能满足所有风机的，一方面，配制不当将直接导致电源系统瘫痪，即使它勉强可以使用，可靠性和效率也很难保持在最佳使用范围内；另一方面，不同系统的负载可能是不一样的，一体机的逆变部分的功率是无法改变的，有可能造成逆变功率不足或浪费。

八、UPS 与逆变器

所谓 UPS，即不间断电源系统，就是当停电时能够接替市电持续供应电力的设备，它的动力来自电池组，由于电子元器件反应速度快，停电的瞬间在 4 ~ 8ms 内或无中断情况下继续供应电力。

UPS 已从 20 世纪 60 年代的旋转发电机发展至今天的具有智能化程度的静止式全电子化电路，并且还在继续发展。目前，UPS 一般均指静止式 UPS，按其工作方式分类可分为后备式 UPS、在线互动式 UPS 及在线式 UPS 三大类。

（一）后备式 UPS

在市电正常时直接由市电向负载供电，当市电超出其工作范围或停电时，通过转换开关转为电池逆变供电。其特点是：结构简单，体积小，成本低；但其输入电压范围窄，输出电压稳定精度差，有切换时间，且输出波形一般为方波。

（二）在线互动式 UPS

在市电正常时直接由市电向负载供电；当市电偏低或偏高时，通过 UPS 内部稳压线路稳压后输出；当市电异常或停电时，通过转换开关转为电池逆变供电。其特点是：有较宽的输入电压范围、噪声低、体积小等。但是，设备切换工作时存在切换时间问题。

（三）在线式 UPS

在市电正常时，由市电进行整流，提供直流电压给逆变器工作，由逆变器向负载提供交流电；在市电异常时，逆变器由电池提供能量，逆变器始终处于工作状态，保证无间断输出。其特点是：有极宽的输入电压范围，无切换时间且输出电压稳定、精度高，特别适合对电源要求较高的场合，但是成本较高。目前，功率大于 3kV·A 的 UPS 几乎都是在线式 UPS。

UPS 是一种不间断供电装置，其原理是蓄电池 + 逆变器，市电经逆变器转换为直流电，直流电向蓄电池充电；如果市电断电，马上转换为蓄电池，经逆变器转换为交流电，可供电器直接使用。UPS 还是稳压装置，可使不稳定的市电保持在固定的电压，这对电器的正常使用很有好处。但是通常 UPS 配的蓄电池组不是太大，可维持的供电时间较短。

逆变电源和 UPS 供电系统在功能和原理上大致相同，它们都能实现以下两方面的功能：①提供一种能够调节电压变化、消除各种电气干扰、高质量电源供应的途径；②在交流市电出现故障时，能够保证必要的后备供电能力。二者最大的区别就是 UPS 通常已经配备了蓄电池组，成为一个整体产品，后备时间较短，而逆变电源只是一个单纯的变换器，直接利用供电系统中的储能单元，其容量较大，可以长时间地保证供电的不间断，以及实现离网可再生能源独立供电系统中的特有功能。

第五章　风力发电机润滑系统

第一节　摩擦学基础

摩擦学是研究做相对运动的相互作用表面间的摩擦、磨损和润滑，以及三者间有关的理论和实践的一门学科。摩擦普遍存在于生产和生活中，因此摩擦学的应用领域十分广泛。可见，摩擦学是一门涉及多学科的边缘学科。

据不完全统计，世界上能量的 1/3 ~ 1/2 消耗于摩擦，摩擦过程中伴随一系列物理、化学和力学的变化将导致磨损。因摩擦导致的磨损是造成机械设备失效的主要原因。深入研究摩擦学的内容，不仅可以指导生产实践，而且可以降低能量消耗，进而达到节约生产成本、提高生产效率的目的。

一、相对运动中相互作用表面的特性

摩擦学研究的是做相对运动中相互作用表面间发生的一系列变化，物体的表面特性将直接影响摩擦和磨损。因此，研究相对运动中相互作用表面的特性是摩擦学的研究基础。

（一）表面形貌

任何摩擦副的表面，即使经过精加工，在微观下观察也并非平面如镜，反而呈现出凹凸不平之状。表面形貌是摩擦副表面的微观几何形态和性质的数学描述。表面形貌会直接影响到摩擦副表面的相互作用，是摩擦副表面的重要特征。

描述表面形貌特征的主要参量包括表面形状误差、波纹度和表面粗糙度及表面纹理。近年来，关于摩擦学的研究表明，摩擦副表面的形貌会影响表面润滑与摩擦性能。因此，采用合适的方法对表面形貌进行表征，将有助于深入研究材料的摩擦磨损等问题。

对摩擦副表面形貌的表征方法主要有以下三类：参数表征、分形表征和 Motif 表征。

1. 参数表征

参数表征就是通过测量得到表面数据，采用参数对表面形貌进行定量描述。工程上表面形貌表征的核心内容是表面粗糙度，国标中从三个方面对表面粗糙度的参数术语进行了规定：①关于微观不平度高度特性的参数（11 个）；②关于微观不平度间距特性的参数（9

个）；③关于微观不平度性形状特性的参数（7个）。三维表面粗糙度参数的评定首先需要选定一个基准面，它除了具有几何表面的形状和方位，还要与实际平面在空间上的走向一致和可用数学方法确定。

然而，这些参数是在一定的测量条件下得到的统计学表征参数，它们与仪器的分辨率和取样尺度密切相关，不具有唯一性，不能表征整体的表面形貌。因此，依据这些参数建立起来的研究模型与实际情况存在差异。

2. 分形表征

分形几何表征法是解决上述问题的一种有效方法。20世纪70年代，R.S.Sayles等人就发现加工表面形貌具有分形特性，微观表面形貌是不规则的，表面具有非平稳的随机性，无序性和多尺度性，具有连续性和自放射性的数学特性。

分形维数是表征表面分形特征的重要参数。分形维数主要反映出两方面的信息：表面中复杂结构的数量极其细微程度；表面中细微结构的占比。分形维数与表征参数相比一个最显著的优点是唯一性，不依赖于仪器分辨率和取样尺度。因此，用分形参数表征表面形貌具有稳定性。

但是，并非所有的表面都具有分形特性。因此，在表征表面形貌之前应确定其是否具有分形特性，然后再求其分形维数。目前，分形维数的计算法主要有尺码法、盒维数法、方差法、功率谱法，结构函数法和协方差法等。通过对比和分析这些计算方法得到的分形维数中，结构函数法计算得到分形维数的稳定性和准确性较高。

3.Motif表征

Motif的概念最早出现在法国汽车工业的标准中，用于表征表面轮廓的结构。Motif法是从表面原始信息出发，通过设定不同的阈值将波度和表面粗糙度分离开来，强调大的轮廓峰和谷对功能的影响，在评定中选取了重要的轮廓特征，而忽略了不重要的特征，其参数是基于Motif的深度和间隔产生的。

Motif表征目前分为两种：二维Motif表征法和三维Motif表征法。二维Motif表征法是比较成熟的表征方法，实现了二维粗糙度和波纹度的分离与合并。然而，二维Motif表征法以图形的方式对粗糙度和波纹度进行描述，仅用7个参数和上包络线即可对表面性能进行评价，它从本质上不能完全反映出表面形貌的真实性。因此，对三维Motif表征法的研究也日渐深入。

（二）表面组成

从微观来看，金属表面层是凹凸不平的，每一层都具有一定的物理化学性质，具有不稳定性。实际金属表层横切面主要有外表面层、毕氏层、变形层和基体四个部分。

其中，外表面层包括表面吸附层和氧化膜层。表面吸附层是润滑油中的极性分子由于物理吸附和化学吸附作用在金属表面所形成的分子层，它起到了很好的减摩作用。然而，在一些极端的条件下，如高温、高压，会造成分子吸附膜的脱吸，从而造成摩擦副的严重磨损。氧化膜层是金属表面暴露在空气中与氧气发生化学吸附作用而形成金属氧化物膜。如铁的氧化膜，从外向内依次为Fe_2O_3、Fe_3O_4、FeO。氧化膜的强度随着膜厚度的增加而下降。

毕氏层是在零件加工过程中由于金属表面融化和表面分子层的流动及表面分子层冷却而产生的微晶层。毕氏层厚度一般在$1\mu m$左右。

变形层有重变形层和轻变形层之分。变形层是发生磨损的主要层面，主要是由于金属零部件削切过程中和摩擦表面做相对运动时的各种相互作用的合力引起表层的严重变形。

基体是构成摩擦副的金属材料基体。通常条件下，基体与摩擦副的摩擦、润滑、磨损过程无关。

（三）摩擦副润滑状态

在实际工程中，做相对运动的摩擦副表面是通过润滑剂分隔的。摩擦副表面的润滑状态与摩擦副的磨损和使用寿命密切相关。同时，改善摩擦副的润滑状态有利于节能。在摩擦副运行过程中会经历各种不同的润滑状态，根据润滑油膜形成的原因和特点，润滑状态大致分为流体动压润滑、液体静压润滑、弹性流体动压润滑、薄膜润滑、混合润滑、边界润滑等。

目前，最常用的是通过润滑油厚度来判断润滑状态，引入膜厚比λ，即摩擦副接触处油膜厚度与其表面粗糙度的相对比值，其计算式如下

$$\lambda = \frac{h_{min}}{\sqrt{\sigma_1^2 + \sigma_2^2}}$$

式中 h_{min}——摩擦副表面之间的最小油膜厚度，即摩擦副两表面中心线间的距离；

σ_1, σ_2——摩擦副两个表面的粗糙度，即摩擦副两表面中心线的平均值。

理论和实践表明：①当$\lambda \leq 1$时，处于边界润滑状态，即干摩擦和流体摩擦的边界状态。此时，摩擦和磨损取决于接触表面和润滑剂除黏度外的特性，且摩擦系数很大，金属表面为直接接触，因此会发生很严重的磨损；②当$1 < \lambda < 3$时，处于弹性流体润滑（EHL）状态，属于薄油膜润滑或混合润滑，此时，摩擦系数急剧减小，会产生各种磨损，此状态是大多数摩擦副的工作状态；③当$\lambda \geq 3$时，处于流体润滑状态，此时油膜的连续百分比接近于100%，属于厚油膜润滑。此时，摩擦副两表面被润滑剂完全隔离，摩擦系数和磨损率均维持在较低的水平上。

润滑油膜厚度是保证摩擦副工作可靠稳定性的主要参数，也是表征润滑状态的重要参数。国内外关于油膜厚度的研究层出不穷，提出许多的测量方法。最常用的几种测量方法主要有光干涉法、声发射法、电容法和接触电阻法。

（四）表面的接触

实际生产中完全光滑的理想表面是不存在的。当摩擦副两表面相互接触时，不是整个平面都接触，而是在摩擦副表面的个别地方接触，接触面呈离散分布。这些接触面积的总和构成实际接触面积。实际接触面积直接决定摩擦力的大小，磨损只发生在实际接触面积。可见，固体表面的接触是研究摩擦副表面磨损过程与机理的重要基础。

两个粗糙表面在载荷影响下接触时，首先接触的部位是两个表面微凸体高度之和最大值处；随着载荷的增大，其他成对的微凸体也相应地接触。每一对微凸体开始接触时，初始是弹性形变，当载荷超过某一临界值时，则发生塑性变形。材料的基体是弹性接触。

名义接触面积是接触表面的宏观面积，由接触物的外部尺寸决定；轮廓接触面积是接触表面在波纹度的波峰上形成的接触面积，由载荷和表面几何形状决定，占名义接触面积的 5% ~ 15%；真实接触面积是实际接触面积的总和，两接触体通过各微凸体直接传递接触面相互作用力，发生形变而产生的微接触面积之和，约占名义接触面积的 0.01% ~ 0.1%。真实接触面积对磨损的分析计算影响最大。接触微凸体的简化模型主要有球形、圆柱形和圆锥形三种。

在实际工程中，常会遇到摩擦副两个接触面是曲面，如齿轮传动、凸轮等。在求解这类问题的接触面积时，需要求解接触面的压力分布和接触区域的应力分布。Hertz 接触理论通过数学弹性力学方法，为实际接触面积的求解提供依据。Hertz 接触理论成立的三个假设条件是：接触面是连续光滑、理想光滑的；材料是均匀的，各向同性且完全弹性；接触面的摩擦力可忽略不计。通过三个表达式联合求解，即可求得各种接触问题的公式。三个表达式分别是：变形方程——两接触体的变形符合变形的连续条件；物理方程——Hertz 假设接触表面的压力分布为半椭圆体；静力平衡方程—由接触表面压应力分布规律，得到接触表面接触压力组成的合力等同于外加载荷。

二、摩擦、磨损、润滑基本概念及分类

（一）摩擦的基本概念、分类及其影响因素

两个相互接触的固体，在外力的作用下做相对运动或具有相对运动趋势时，在两个表面之间产生切向阻力的现象，被称为摩擦。这种阻力被称为摩擦力。摩擦的分类方法有很多，常见的有三种。根据摩擦副的相对运动状态，摩擦可分为静摩擦（一个物体沿另一个物体表面有相对运动趋势时产生的摩擦）和动摩擦（一个物体沿另一个物体表面有宏观相对运动时产生的摩擦）；根据摩擦副的运动形式，摩擦可分为滑动摩擦（物体接触表面有相对滑动或具有相对运动趋势时的摩擦）和滚动摩擦（物体在力矩作用下沿另一个物体表面滚动时接触表面的摩擦）；根据摩擦副两表面间的润滑状况，摩擦可分为干摩擦（摩擦表面没有润滑剂存在下的摩擦）、流体摩擦（相对运动的两物体表面完全被流体隔开时的

摩擦，流体可以是液体、气体或融化的其他材料）、边界摩擦（两接触表面间有一层松弛的润滑膜存在时的摩擦，即处于干摩擦和流体摩擦的边界状态）和混合摩擦（只属于过渡状态的摩擦，如半干摩擦和半流体摩擦）。

影响摩擦的因素较多，主要有以下几个：

1. 滑动速度的影响

有研究表明，滑动速度对摩擦系数的影响与法向载荷有关，但目前还无定论。

2. 温度的影响

当摩擦副相互影响时，温度的变化将导致表面材料的性质改变，进而影响摩擦系数，一般情况下，大多数金属的摩擦系数均随着温度的上升而减小。

3. 材质的影响

金属摩擦副的摩擦系数，与材料的性质密切相关。一般情况下，相同金属的摩擦副，其间的摩擦系数因二者易发生黏着而较大，不同金属的摩擦副，其间的摩擦系数因二者不易发生黏着而较小。

4. 表面粗糙度

在干燥粗糙的表面接触时，表面粗糙度对摩擦系数会产生一定的影响；对于边界摩擦，摩擦副间的摩擦系数将随着粗糙度的降低而变小。

5. 表面膜

摩擦副表面总会伴随着一系列物理和化学反应，会形成诸如氧化膜、化学反应膜和吸附气体膜等，这些表面膜对摩擦副将产生显著的影响；一般情况下，表面膜的机械强度较低，在摩擦过程中，极其容易被破坏，摩擦副表面不易发生黏着，进而导致摩擦系数的降低。

（二）磨损的基本概念、分类及减小磨损的途径

磨损是伴随摩擦产生的必然结果，它发生在做相对运动的两接触表面，表层上的物质不断损失的现象。当两个摩擦副相互接触时，表面上的微凸体首先发生接触，当二者发生相对滑动时，接触点的结合受到破坏，接触点结合不断形成又不断受到破坏的过程中，发生一系列的机械作用、摩擦产生的热作用及与周围介质发生物理或化学作用，使得摩擦副表面材料发生变化，诸如形变、氧化、强度降低等现象，最终导致摩擦副表面的损坏和材料的脱落。

试验结果表明，磨损过程大致分为三个阶段：跑合阶段、稳定磨损阶段和急剧磨损阶段。①跑合阶段 a 区（0—A），由于新的摩擦副开始接触时实际接触面积很小，在载荷作用下立即产生很快的磨损；经过一定时间的磨合，表面逐渐磨平，实际接触面积逐渐增大，磨损速度减慢，逐渐过渡到稳定磨损阶段；②稳定磨损阶段 b 区（A—B），属于机器正常运转的稳定磨损过程，磨损率比较稳定，零件要获得较长的使用寿命，应尽可能使该阶段磨损率最低，并使该阶段尽量延长；③急剧磨损阶段 c 区（B—C）正常磨损达到一定时期，

或者由于偶然的外来因素（磨粒进入、载荷条件变化、咬死等），零件尺寸变化较大，产生严重塑性变形，以及材料表面品质发生变化等，在短时期内使摩擦系数和磨损率增大，造成零件很快失效或破坏。

从这三个阶段来看，机械零部件的正常运转是在稳定磨损阶段。因此，只有尽量延长稳定磨损阶段，才能延长机械零部件的使用寿命。

根据相对运动的类型，磨损可以分为滑动磨损、滚动磨损、冲击磨损和微动磨损；根据磨损的过程，磨损可以分为跑合磨损、稳定磨损（或正常磨损）和异常磨损三个阶段；根据磨损机理，分为黏着磨损、磨粒磨损、腐蚀磨损、冲蚀磨损、接触疲劳磨损和微动磨损。

磨损是很多因素相互作用与相互影响的复杂过程。磨损的分类一般主要考虑表面的作用、表层的变化和破坏的形式三方面。磨损是在多种因素相互作用下发生，下面对影响磨损的一些主要因素进行简要介绍。

1. 外界机械作用

外界的机械作用主要包括三个方面：①摩擦类型；②摩擦副表面的相对移动速度；③摩擦时载荷的大小和特性。磨损过程及磨损类型的变化，与摩擦类型密切相关。滑动摩擦时，摩擦副表面的相对移动速度的变化将导致表面结构和相的状态的改变。载荷的大小影响着摩擦副表面的实际接触面积的大小，直接影响摩擦和磨损过程表面厚度及磨损的进程。

2. 摩擦副材质

黏着磨损发生主要是因为摩擦副表面发生的黏着作用，当摩擦副表面材质的黏着倾向较大时，磨损增大。磨粒磨损，一般情况下，摩擦副材质硬度越高，耐磨性越好。对于疲劳磨损，摩擦副的磨损与材料的弹性模量密切相关，一般情况下，磨损程度随着弹性模量的增加而增大，材料的强度也影响材料的磨损。

3. 环境介质

金属变形层中氧的扩散是影响磨损的重要因素。在有氧的环境中，金属表面在摩擦时，由于只有氧化层磨损，因此磨损较小，磨损产物是各种金属氧层化物；在无氧的环境中，会产生黏着磨损和热磨损，磨损产物是各种尺寸的金属微粒。外界气体介质对摩擦表面的温度有较大影响。

4. 温度

摩擦副表面的温度对磨损的影响主要有以下三个方面。①温度改变摩擦副材料的性能，主要是硬度方面；②温度改变摩擦表面污染的形态，通常条件下，大多数摩擦副表面都覆盖有氧气膜，温度对氧气膜的形成将产生显著的影响；③温度改变润滑剂的性能，温度升高将导致润滑剂的变质，直接降低润滑效果。

5. 表面质量与接触状态

表面质量是评价一种或几种加工方法所得到零件表面几何、物理和化学性能的指标。

表面质量对金属零件摩擦学性能具有显著影响。

零件磨损的三个阶段，可以看出每个阶段的磨损状况都与表面粗糙度的变化有关。一般来说，有润滑剂的存在下，抗黏着磨损的能力随着表面粗糙度的降低而增大。无润滑剂条件下，黏着磨损会随着表面粗糙度的降低而增强。

摩擦副表面接触区，分子的相互作用对黏着磨损有较大影响。摩擦副接触表面在无润滑、完全清洁条件下，表面粗糙度过高或过低都会使黏着磨损增大。

实践经验表明，从以下几个方面可以分析减小磨损的有效途径：

（1）材料选择

摩擦副材料的选择直接关系到机械零件的耐磨性能。实际操作中，要根据不同的磨损类型来具体考虑摩擦副的选材。黏着磨损为主的情况下，考虑塑性材料比脆性材料易发生黏着磨损；互溶性较大的金属材料，黏着倾向大；多相金属比单相金属黏着倾向小，金属与非金属材料组成的摩擦副黏着倾向小。磨粒磨损，一般通过提高材料的硬度增强其耐磨性。对于疲劳磨损，要求材质好，固溶体含量要适中，其中有害的非金属夹杂物含量也要控制好。

（2）润滑

实践证明，在摩擦副间采用液体润滑剂，可以有效减少摩擦与磨损。同时，润滑剂的黏度适当提高，可以使得接触部分压力接近平均分布，可以有效提高抗疲劳磨损的能力。此外，要严格控制润滑油中的含水量，含水量过多会加速疲劳磨损。

（3）表面处理技术

通过物理或化学等方法，改善材料表面的成分、组织结构和性能，不仅可以提高其耐磨性能，而且可以延长其使用寿命。表面处理技术按照工艺过程特点分为表面及化学热反应、电镀及电沉积、堆焊剂热喷涂、高能密度处理、气相沉积及其他六类。

（4）结构设计

摩擦副正确的结构设计是减少磨损和提高耐磨性的重要条件。结构设计要有利于考虑摩擦副间表面保护膜形成和恢复、压力的均匀分布、摩擦热的散失和磨屑的排出及防止灰尘和磨粒进入等因素。同时，结构设计还可以应用置换原理和转移原理，置换原理是允许系统中一个零件磨损以保护另一个更重要的零件；转移原理是使摩擦副中另一个零件快速磨损而保护较重要的零件。

（5）使用保养

机械零件正确的使用和保养与机器的使用寿命长短休戚相关。正确的使用和好的保养，是保证机器使用寿命的必要条件。

（二）润滑的基本概念及其分类

润滑是在摩擦副两表面形成具有法向承载力而切向剪切力较低的润滑油膜，以此达到减少磨损和降低能量损耗的目的。润滑是降低摩擦和控制磨损的有效措施之一。按几何形状、材料及油膜厚度，可分为边界润滑、混合润滑和流体润滑三种主要的润滑状态。流体润滑状态下，摩擦副表面被润滑剂完全分隔开。

边界润滑是一种综合的复杂现象，它涉及表面粗糙度、物理吸附、化学吸附、反应时间等因素。边界润滑最重要的特征是在摩擦副表面生产表面膜，使得两个摩擦副表面的损失降低。表面膜的形成与润滑剂和摩擦副表面物理、化学特性相关，它由物理吸附的长链分子、化学吸附的皂类、沉积固体及层状固体等组成。油膜的物理化学性能（如厚度、剪切强度或硬度等）决定了边界润滑的有效性，环境介质也会影响膜的形成。此外，摩擦副表面做相对运动时的工况（如速度、载荷大小和性质等）对边界润滑有显著影响。当边界润滑膜能够起到很好的润滑作用时，摩擦系数取决于边界膜内部的剪切强度，摩擦系数会有所减小。当边界润滑膜的润滑效果较差时，摩擦系数会增大，导致磨损增大。当摩擦副表面处于边界润滑状态下，摩擦副的摩擦特性依赖于边界润滑剂的作用。

润滑剂与金属表面之间产生保护性边界膜的机理有以下三种。

1. 形成物理吸附膜

物理吸附是可逆的，通常形成单分子层或多分子层，分子之间的结合力较弱。极性分子尤其是长链烃的分子垂直定向吸附在固体表面，吸附分子间因内聚力而结合得很紧，极性添加剂在固体表面凝聚形成一层薄膜。

2. 形成化学吸附膜

当长链烃的极性基吸附在活性金属的表面上时，极性基与金属表面起化学反应，即由范德华力形成化学吸附膜。吸附过程较慢，温度升高时，其吸附速率也随着加快。

3. 形成化学反应膜

化学反应膜的生成与作用机理有两类：一类是金属化合物中所含硫、磷等活性元素与金属表面反应，只能在200℃以下工作，否则就会失效；另一类是添加剂在高温下分解产生的活性物质，与金属形成化学反应膜，此类添加剂只有达到一定温度才起作用。可见，化学反应膜适用于重载荷、高温和高速滑动的工况，与此同时必须采用使表面只有在最适宜工况下产生的化学反应的润滑剂，以免加速摩擦时的腐蚀磨损过程。

流体润滑分为流体动压润滑和流体静压润滑。雷诺（Reynolds）方程为流体动压润滑理论奠定了理论基础。它适用于中等载荷以下的平面摩擦副。在重载接触情况下，载荷急剧增加，高压使得润滑剂黏度增加，油膜增厚，接触体发生弹性形变。此时，雷诺方程不适用。考虑接触面的弹性形变和压黏变化对流体动压润滑的影响被称为弹性流体动压润滑（EHL）。弹性流体动压润滑是一种十分接近实际的典型润滑方式，对它及其相关的研究一直在进行。

润滑剂的性能与机械零件的摩擦学状态直接相关。其种类繁多，有润滑油、润滑脂、固体润滑剂、合成润滑材料等几种。润滑油的使用范围最广，约占润滑剂材料的90%。润滑油是以石油分为原料，为了达到某种特定的性能，加入适当的添加剂来提高其质量，以得到更广泛的应用的润滑剂。添加剂的种类从作用上主要分为两大类：用来改善润滑油的物理性能和用来改善润滑油的化学性能。这些添加剂主要有清洁分散剂、抗氧腐蚀剂、抗压抗磨剂、油性剂和摩擦改进剂、黏度指数改进剂、防锈剂和抗泡剂等。润滑油的常规理化性能有密度和相对密度、颜色、黏度、闪点和燃点、凝点和倾点、水分、酸值、抗泡性和空气释放性和氧化安定性等。

润滑脂是一种凝胶状的半固体产品，它是在高温下通过加入基础油液、稠化剂和添加剂混合而成的。润滑脂常见的种类有钙基润滑脂、钠基润滑脂、铝基润滑脂、锂基润滑脂、钡基润滑脂等。润滑脂的常规理化性能有外观、滴点、锥入度、水分、灰分、皂分、腐蚀和氧化安定性等。

固体润滑剂主要用在特殊、严酷工况条件下，利用固体粉末、薄膜来减少承载表面间的摩擦和磨损，避免相对运动表面受到损伤。常用的固体润滑剂有二硫化钼、石墨、氟化石墨、氮化硼和聚四氟乙烯。

三、磨损机理

磨损是造成机械零件失效的主要原因之一，因此研究磨损并掌握其机理，可以极大地降低因磨损而造成的生产损失，降低生产成本。考虑到多种因素对磨损的影响，通常将磨损机理分为黏着磨损、磨粒磨损、表面疲劳磨损、腐蚀磨损和微动磨损五种。

（一）黏着磨损

做相对运动的摩擦副两表面接触时，由于两个表面的微凸体，发生点接触。在做相对运动时，由于剪切力的作用，接触点发生塑性变形而形成黏着接点，发生磨损。黏着接点被剪断，然后又形成新的接点，新接点又被剪断，如此循环往复，形成黏着磨损。

黏着程度的不同，黏着磨损的类型也不同。根据零件表面的损坏程度，将黏着磨损分为六类。①轻微磨损：黏着接点的剪切破坏发生在黏着面，摩擦系数较大，表面材料的黏着转移轻微；②涂抹：黏着接点的剪切发生在离黏着面不远的软金属浅层内，使得表面材料的黏着转移至另一个表面；③擦伤：剪切破坏发生在软金属的亚表层内，金属表面在沿滑动方向有划痕；④划伤：剪切发生在金属基体，金属表面在沿滑动方向有严重的划痕；⑤胶合：剪切发生在金属基体的较深处，金属表面局部发生固相焊合；⑥咬死：摩擦副两表面间的黏着面积较大，二者的相对运动停止。

影响黏着磨损的因素主要有载荷、滑动速度、温度、材料性能、表面粗糙度及表面膜。摩擦表面的滑动速度、载荷，以及表面温度与黏着磨损是直接相关的，因此选用稳定性恰当的零件材料、润滑材料、润滑方法及加强冷却措施，是防止产生黏着磨损的有效手段。

（二）磨粒磨损

磨粒磨损是在摩擦副两表面做相对运动时，由于具有一定几何形状的硬质颗粒或硬凸起与两表面相互作用，造成摩擦表面的脱落。磨粒磨损是磨粒本身的性质而非外界的机械作用。这一点是区别磨料磨损的重要特征。据统计，在实际生产中，由于磨粒磨损造成的损失占工业范围内磨损损失的一半。

按照磨损体的相互位置，可以将磨粒磨损分为二体磨粒磨损和三体磨粒磨损。二体磨粒磨损是指磨粒对金属表面进行的微量切削过程；三体磨粒磨损是指磨粒处于两个被磨表面之间造成的磨损，磨粒既可以来自润滑系统的外来物，也可以是磨损的产物，磨粒在两摩擦副表面间滚动。

对磨粒磨损的机理主要有以下几种观点：

1. 微观削切

磨粒与摩擦副表面发生的相互作用力，分为切向力和法向力两种。法向力垂直于摩擦副表面，磨粒被压入摩擦副表面，摩擦副表面由于滑动时的摩擦力通过磨粒的犁沟作用发生剪切和微量削切，产生槽状磨痕。

2. 挤压剥落

摩擦副表面材料塑性很高，磨粒在载荷的作用下嵌入摩擦副表面而产生压痕，剥落物因挤压而从表层剥离。

3. 疲劳磨损

磨粒颗粒在摩擦副表面上循环接触应力的作用下，表面材料因疲劳而剥落。

磨粒磨损的机理属于磨粒的机械作用。

磨粒不仅担任磨损过程中重要信息载体的角色，而且还是判断磨损机理的重要依据。全面有效地表征磨粒一直都是摩擦学范畴的重要研究内容。

（三）表面疲劳磨损

表面疲劳磨损是指摩擦副在循环往复交变接触应力的长期作用下，表面因发生疲劳而剥落的现象。当接触应力与循环交变接触应力次数均较小时，材料表面的磨损很小，对机器的正常运转影响较小；当接触应力与循环交变接触应力次数均较大时，摩擦副表面发生表面严重疲劳磨损，致使零件失效。表面疲劳磨损是疲劳裂纹形成和扩展的过程，疲劳磨损的初始裂纹发生在摩擦副的亚表层。因此，通常利用分析摩擦副内部的接触应力来达到研究疲劳磨损机理的目的。

表面疲劳磨损通常发生在两种情况下：表层萌生—发生在以滚动为主的摩擦副中；表面萌生——滚动兼滑动的摩擦副中。这两种磨损是同时存在的。按照疲劳坑的外形特征，表面疲劳磨损通常可分为鳞波和点蚀两种。鳞波的磨屑呈片状，表面的疲劳坑呈现大而浅的特点；点蚀的磨屑呈扇形，表面的疲劳坑则呈现小而深的特点。点蚀疲劳裂纹起源于表面，而鳞波疲劳裂纹起源于表层内。

影响表面疲劳磨损的主要因素有载荷与速度、材料的性能、表面粗糙度和润滑等。

（四）腐蚀磨损

摩擦副两表面做相对运动时，摩擦副表面材料与周围介质发生化学或电化学反应，造成材料磨损的现象称为腐蚀磨损。腐蚀磨损同时伴随着腐蚀和磨损两个过程，腐蚀是由于材料与周围介质发生化学或电化学反应引起的，磨损是由摩擦副两表面机械摩擦引起的。

周围介质性质的不同，会影响作用在摩擦副表面上的状态，同时摩擦副材料性质的不同，腐蚀磨损的状态也不尽相同，主要分为氧化磨损、特殊介质腐蚀磨损、腐蚀磨粒磨损三类。

1. 氧化磨损

氧化磨损是最常见的一种磨损，其摩擦副的表面沿相对运动方向呈现匀细磨痕。除金、钳等少数金属外，大多数金属与空气接触，便立即与空气中的氧气发生化学反应生成氧化膜。膜厚度的增长速度随时间成指数减小。影响氧化磨损主要有氧化膜的性质、载荷、滑动速度、介质含氧量等因素。

2. 特殊介质腐蚀磨损

摩擦副两表面与特殊介质（如酸、碱等）发生化学反应或电化学反应而形成的磨损称为特殊介质腐蚀磨损。其磨损机理与氧化磨损机理相似，但腐蚀的速度更快、腐蚀痕迹更深。其磨损主要受到腐蚀介质性质、温度和材料性质的影响。

3. 腐蚀磨粒磨损

腐蚀磨粒磨损发生在湿磨粒磨损条件下，是磨粒磨损和腐蚀磨损的共同作用。腐蚀加快了磨粒磨损，而磨粒将腐蚀的产物从表面剥离，使得摩擦副表面重新外露，加速了腐蚀。

（五）微动磨损

微动是指摩擦副表面没有发生宏观的相对位移，但在载荷和振动的影响下产生的小幅（1mm以下）的切向滑动。微动磨损是一种复合式磨损，若在磨损过程中，摩擦副表面间的相互作用以化学反应为主，则称为微动腐蚀磨损。

微动磨损过程主要分为三个阶段：①摩擦副表面的微凸体发生塑性形变并伴随黏着和转移；②受到外界微小振幅的影响时，剪切面发生氧化磨损，形成磨屑，由于摩擦副表面的紧密贴合，磨屑不易排出，在结合面上产生磨粒作用，形成磨粒磨损；③磨损进入稳定状态，累积到一定程度时，出现疲劳剥落。

可见，微动磨损不是单一形式的磨损形式，而是黏着磨损、氧化磨损、磨粒磨损等多种磨损形式的复合。实际生产中，判定以哪种磨损为主，要具体问题具体分析。

在实际复杂的工况条件下，大多数磨损是以复合形式出现的，即磨损是由多种磨损机理共同起作用。随着工况条件的改变，磨损形式也会发生转移和更换，不同阶段下磨损形式的主次不同。因此，在解决实际磨损问题时要抓住主导磨损形式进行探究，才能采取有效措施减少磨损。

第二节　润滑设备常见故障

润滑油在设备中各个运动部位流动，不只是起到润滑作用，还可以从润滑油检测数据中诊断故障和了解与设备状态有关的很多信息，比如润滑油性能参数的变化，抑或是遭到污染以及油自身在工作中的化学反应而劣化，很多情况都是设备产生故障的前兆，也是造成故障的原因。本章从润滑油专业的角度，阐述润滑油状态变化对设备故障的影响，进而得出润滑油指标变化与故障诊断之间的联系。

一、设备故障原因分析

设备在长期运转过程中，难免会出现异常工作或无法正常工作的情况。当这样的情况发生时，相关人员要仔细检查设备有关部件，并进行数据或异常现象的分析工作。一般来说，设备故障原因分析主要从设计缺陷、制造缺陷、操作缺陷、工作环境恶劣、设备老化等方面入手。

（一）设计缺陷

如果设备存在设计缺陷，会导致设备故障频繁发作。一旦发现，应立即采取相应的措施，尽可能去改进或在使用时加以注意，把可能的损失降到最低。造成设计缺陷的主要原因有以下两点：

第一，存在结构薄弱环节，主要结构设计不合理。

第二，存在材料选择薄弱环节，主要是材料选择或代用材料选择不合理。

（二）制造缺陷

产品经设计后进入制造阶段，制造阶段是任何产品都不可缺少的。产品制造缺陷主要指产品在制造过程中，因质量管理不善、技术水平差等原因而使产品中存在的不合理危险性。

产品制造缺陷可产生于产品制造过程的每一环节，从原材料的选择、零部件的选择到产品的每一制造工序、加工工序以及装配工序等都可产生制造缺陷。因此，产品制造缺陷一般可以分为原材料、零部件方面的缺陷、装配方面的缺陷。

（三）操作缺陷

操作缺陷一般是人为因素造成的，主要可以表现为以下四个方面：

第一，参数调节失误。

第二，参数调节不及时。

第三，超温，超速，超负荷。

第四，润滑油、冷却液等辅助材料选用不当，以及更换不及时。

（四）工作环境恶劣

为了满足不同的需求，有些设备需要长期暴露在恶劣的工作环境下。高温、潮湿、腐蚀性气体、尘埃等都会对设备的正常运转产生极大的威胁。为保证这类设备的安全运行，必须加强维护及监督管理工作。

（五）设备老化

机械设备无论设计如何合理、制造如何完美，都会随着长期的使用，设备达到疲劳极限，造成性能逐渐下降，出现可靠性降低的现象。

设备若是存在上述因素之一，便有潜在的隐患，故诊断时应从故障的原因入手，才能进行准确判断。

二、设备故障分类及诊断

（一）设备故障分类

按故障发生的过程可分为缓慢发生的渐发性故障和突然发生的突发性故障。

按故障发生的次序可分为：①原发性故障。在某处先发生小的故障，且暂时未被发现或对设备未造成大的影响。②继发性故障。设备继续运转，原发性故障开始对其他原本正常部件造成损坏，发展成为对设备整体或主要部分的损害，使得设备停止运转。通常原发性故障过程较长，但继发性故障是在短时间内发生的，作为设备故障诊断的先进性是要在原发性故障发生时就诊断出问题，及时采取相应措施减少损失。

按故障发生的表征可分为隐性故障、半隐性故障、显性故障。

（二）设备故障诊断

设备故障诊断的任务：①监控设备状态，预测设备可能存在的故障；②通过已经发生的故障做出现场诊断，找到故障的原因；③通过诊断得出结论，设法让设备安全有效的运行，这些均为制定停机大修的时间与内容提供重要的依据。

两个诊断源：一是故障发生产生的前兆现象，二是产生故障的原因。

第一，参数：运转设备反映运行状态参数的仪表。

第二，振动和噪声：设备发生故障以后，设备会产生异常振动与响声。

第三，温度：设备异常时设备某些部位的温度会发生波动与变化。

第四，润滑油：润滑油的状态往往反映了设备的状态，可通过分析润滑油来得到设备内部很多的信息。润滑油在设备的各个运动部件中流动，其质量和使用中性质的变化，也是造成设备故障的原因之一。

三、润滑油与设备故障诊断

润滑油基本可以分为两种类型，一种为润滑剂，以润滑机械运转的部位为主；另一种作为工作用液体，起到密封、冷却、减振等作用，是设备的重要组成部分，以润滑作用为辅。从设备故障诊断的方面来讲，能在设备内部循环流动的液体便可以用来作为设备故障诊断分析的有效途径。

（一）润滑油在使用中的变化

1.润滑油老化裂解

润滑油在设备运行的过程中，在受到空气、温度的催化、机械剪切及有害介质等的作用下，会产生氧化、裂化等反应，性能会逐渐变差。对于油中的添加剂，在使用的过程中会减少或失效，从而导致油品的性能下降，同时会产生对设备有损害的成分，称为润滑油的老化或降解。油的老化降解是油中烃类氧化反应为主的过程，会生成有机含氧酸，会与金属机件反应造成磨损与故障。

润滑油质量指标一般包括两部分：一部分是物理化学指标，如微水含量、闪点、酸值、黏度、抗乳化性、抗泡沫特性等；另一部分是性能指标，指出了润滑油的质量与使用性能。当这些指标结果均在固定的合格范围内时，才能算是合格的某档次的润滑油。通常，理化指标也称为常规指标，性能指标称为保证项目。一些性能指标在润滑油的老化降解作用中下降，原因一是油在设备运行的过程中劣化，二是油中的添加剂在使用中损耗。

润滑油会在设备不同温度部位生成不同类型的固体沉积物，如油泥、积炭等，这些沉积物也是造成设备故障的原因之一。设备的运行状态和生成沉积物的类型与多少也有很大的关系，如发动机在持续的高功率状态下运行生成积炭的趋势较大；发动机时常开停而处于较低温运行易生成油泥。润滑油中加入清净分散添加剂后可有效减少沉积物，亦可使沉积物分散从而不会对设备造成较大影响。

润滑油在使用的过程中会降解并生成沉淀物，也会受到外界的污染，润滑油的性能会不断下降，使用到一定时间就应当更换新的润滑油，如果继续使用，就可能会对设备产生危害并且发生故障。许多设备管理良好的企业的工作经验表明，选用高质量的润滑油并掌握合理的换油期，可在很大程度上降低设备出故障的概率并且可以保障设备良好的运行状态。润滑油的换油期长短受到两个相反方面的因素影响，一方面因为节能环保的推动使得设备的性能不断升级，设备的热负荷和机械负荷持续上升，并且工作状态是复杂多样的，这些令润滑油的工作条件越来越苛刻，加速了润滑油的降解，使得换油期缩短；另一方面润滑油的性能逐渐在改善，润滑油质量的升级换代也逐渐加快，换油期的增长使总的换油期也延长。

由于润滑油的过度老化对设备的危害很大，所以掌握合适的换油期尤为重要。设备制造商在其用户手册上一般都有推荐值，使用什么种类的润滑油时应该在多长工作时长或多少工作里程需要更换新油。但这些推荐均为指导性的，不同用户和不同设备的使用条件和环境千差万别，润滑油的降解程度相差甚远，而设备制造商的用户手册上关于换油期的推荐值大多较为保守，按推荐值换油时，润滑油很可能并未达到使用寿命的终点。一般在管理上应执行按质换油的原则，对油品的质量进行检测，定期检测有关的指标，某一或某些指标已经达到界限值时，就应当更换新油。这些指标也相当于故障诊断的界限值，作为故障的警告，同时也能作为检测设备运行状态的指标。

润滑油在运行中的降解主要是烃类的氧化反应，反应产物多为醛、酮、醇等，最终产物为各种有机酸类，降解的结果使得油品的各项指标变差，性能下降，危害到设备的正常运转和使用寿命。从润滑油的指标变化情况也能监测到设备的工作状况等，润滑油指标的变化如下。

（1）黏度变化

润滑油在较高的工作温度下，油中的轻组分蒸发和基础油高度氧化，润滑油的黏度逐渐增大，停机后常温时润滑油流动性变差，严重时甚至呈胶冻状，再启动时会导致机油泵工作失效，油道和滤清器堵塞，造成严重的拉缸或烧瓦等事故，在油温不是特别高的时候也会随着润滑油的降解程度增大而导致黏度变大。润滑油的质量越好，降解的速度也越慢。工作中控制润滑油的黏度变化在一定的范围内，当黏度数值超出此范围时就应当更换新油。

（2）总酸值变化（TAN）

润滑油的降解主要是烃类氧化，最终产物是有机酸类，润滑油的降解程度越大，酸值也越大。酸性化合物会腐蚀金属表面，而柴油中的硫燃烧后与水结合生成硫酸，也会对金属造成剧烈的腐蚀磨损，特别是在缸套和轴瓦的有色合金层，一般有成片点蚀，蚀洞有掏空现象。油配方中要加入好的抗氧化剂来作为应对措施，可以有效降低油的氧化速度，同时也要有碱性添加剂，中和有害的酸性产物，从而减轻腐蚀磨损的危害。润滑油的酸值应严格按照不同类型油的相关标准控制不同数值以下，如果超过此数值就应当及时换油，以免发生故障。

（3）总碱值变化（TBN）

发动机油中含有大比例的清洁分散剂，这些添加剂中含有机碱金属盐类，它们大多具有强碱性，这会使得成品内燃机油有较高的总碱值。这些碱性添加剂用以中和润滑油氧化生成的有机酸，还有燃料燃烧产物中的无机酸性物，故油在使用中该添加剂在不断地消耗，总碱值也会不断地下降，当下降到一定程度使该添加剂组分的中和能力不足时，设备的磨损在加大，此时便需要更换新油。

（4）不溶物含量

润滑油降解后会生成细小的固体颗粒物悬浮于润滑油中，外来的固体污染物如砂子、磨损颗粒物等也会悬浮在润滑油中，这些不溶物可能会堵塞滤网和油道，极易导致供油不畅而发生故障，一般以戊烷不溶物含量来表示，随着润滑油的降解，不溶物含量会增加，使用中应控制在一定的数值范围内，超过该数值就应当更换新油。

2. 外界污染

润滑油在使用过程中往往会遭到外来物质的侵入，加速其变质，很容易造成设备出现故障，其主要来源一般分为两类：一类来源于设备内部，如发动机燃料、烟炱、水、酸、冷却液、制冷剂等，还有设备内的涂层、碎片、磨粒等；另一类来源于外部的工作环境，如砂土、灰尘、水、气体等。

检测润滑油中外来污染物的种类和数量可以了解到设备中部分故障的情况，这些污染物就是磨料，直接加大了设备的磨损或者堵塞供油系统使得磨损增大，油的污染物也会加快油的变质使得性能下降，造成设备故障。检测润滑油中异物的种类、性质和含量，对监测设备的状态和对故障的预测是十分重要的。

（1）水分

运转的设备大部分需要水或者含水的冷却剂冷却，发动机燃料燃烧后生成二氧化碳和水，汽轮机中的水蒸气和大气中的水都可以通过多种途径进入润滑油系统中，通常存在以下几种形式。

①沉积水

外界进入的水及游离水聚集成水珠状从而沉积在油箱底部，可以通过油箱底部的放水阀把沉积水排出。

②溶解水

水会以极小颗粒分散溶解在润滑油当中，润滑油温度升高的时候溶解水的含量会大大增加。

③结合水

随着润滑油的降解以及润滑油本身的杂质化合物，使得油与水之间的表面张力下降，加强了油和水的结合力，形成乳化状或微乳状。

水的存在会降低润滑油的性能并会造成机械故障。润滑油中均含有数量不等的改善各种功能的添加剂，多为有机化合物，部分添加剂遇到水会水解，有的添加剂溶于水后被水从油中萃取出来，会导致添加剂失效，使其相应功能下降；润滑油中的水会让设备的零部件生锈，造成腐蚀磨损；水也会把机械表面的油膜冲走，造成设备零件间的干摩擦；很多润滑油被水污染后容易乳化，乳化后的润滑油润滑效果会变差，还会与油以及其他污染物生成油泥，堵塞油道和滤网，使得供油失效从而发生故障。

抗乳化性能。润滑油中的水通常有两种存在方式，一种是油中的水可能和油分成油层和水层，当静置一段时间后把下层的水排出后，上层的油还可以循环用作设备润滑，这样的情况一般发生在润滑油较为纯净或油中含表面活性剂较少或抗乳化剂时；另一种是油和水混在一起变成油包水或者水包油型的乳化油，这样大多发生在油不是很纯净或表面活性剂较多时。

水解安定性。润滑油中有的添加剂遇到水会因为水解而失效，故专门有一个测定添加剂此性能的指标，称为水解安定性。

（2）燃料和烟炱

发动机的燃料由于雾化不良而未燃烧或充分燃烧，会流入润滑油当中稀释润滑油，参与生成油泥，也会破坏添加剂，这会导致设备磨损增加，引起故障。一般可以从润滑油的黏度和闪点下降中测定得出。

发动机中燃料燃烧后会产生微小的炭状物，称为烟炱，它也会进入润滑油中而产生危害。

①油黏度增加

当烟炱含量达到一定数值后，黏度会快速上升，导致油的流动性变差，这会出现供油不足进而发生故障。

②磨损增加

烟炱的颗粒比较大，可作为磨料造成磨料磨损，当烟臭吸附了一些燃料燃烧后生成的酸性物还可能会造成腐蚀磨损，所以含有烟炱的润滑油会对发动机的阀系、汽缸表面造成较大的磨损。烟炱的含量没有特定的测定方法，可以通过测定油中不溶物以及沉淀物法或者利用显微镜观察。

（3）灰尘和杂质

设备和车辆所处环境灰尘较大时，各种灰尘中的颗粒物也会通过各种方式进入润滑油当中。这些杂质中有很多较硬的颗粒会造成不同程度的磨料磨损，有些杂质还会堵塞油道和滤网，进而造成供油障碍而发生恶性事故。此外，润滑油中杂质较多也表明设备的过滤系统有故障和密封系统效果不佳。

润滑油在储存、运输、换油的过程中由于机体和用具、容器清洗较差而使润滑油遭到污染，也会影响到润滑油的部分性能。

综上所述，润滑油中污染度较大时，说明润滑油中磨损颗粒和外来污染物比较多，这是故障警告指标之一，污染物的增加除了会加剧设备的磨损，也表明了设备的使用环境较差，过滤系统的效率较低或密封性能不良等。

（4）进入空气

润滑油中的空气一般有三种存在形式：

第一，自由空气，指随着润滑油在设备当中的流动而进入或排出的空气。

第二，进入空气，指空气以气泡的形式，稳定地存在于润滑油当中。

第三，溶解空气，润滑油在常温常压下一般含有 7% ~ 8% 的溶解空气，这些溶解空气对设备并没有危害，但润滑系统的温度与压力发生变化时，空气在润滑油中的溶解度也会发生变化，有时溶解空气会释放出来，在润滑油表面产生泡沫或在油中生成微小的气泡，这些情况均会对设备产生危害。

润滑油在流动或搅动过程中不断地从大气中带进空气，也会不断地析出，这样会在润滑油表面生成泡沫，还有会在润滑油中生成微小的气泡，这会造成很多危害，如产生噪声；油泵抽空而导致供油不稳定或者失效；泵体产生穴蚀磨损加大；油温升高，氧化加剧导致润滑油寿命缩短等。

造成空气可以在润滑油中稳定存在的原因有很多，如润滑油的质量，油中的添加剂很多是表面活性剂，这些表面活性剂可以改变油膜的表面张力，可以使泡沫稳定地存在；还有设备的原因，结构的不合理或者密封失效使得空气源源不断地进入润滑油当中，这会让润滑油不断产生泡沫；润滑油可能受到污染，在储存运输以及操作的过程中混入了表面活性剂；润滑油在使用的过程中也会不断劣化，某些劣化产物可以改变润滑油的表面张力使得泡沫可以稳定地存在。

（5）其他污染

以下几种情况也有可能会导致润滑油受到污染。

第一，更换润滑油时旧油没有释放干净、完全就加入新油，残存的旧油会污染新油，旧油中原有的氧化产物会加速新油的氧化。

第二，设备操作过程中补加润滑油时，加入了不同品种或是劣质的润滑油，润滑油中不同配方的添加剂可能产生化学反应而易于变质。

第三，当设备进行内部冲洗后，如果清洗介质未排干净就加入润滑油进行试运转，残存的水、燃料、清洗剂等介质会污染润滑油。

第四，封存的设备内部的防锈物未清除干净便加入润滑油进行运转，也是让润滑油受到污染的原因之一。

第五，设备的工作环境中存在大量的水、灰尘或化学物质，也极易污染润滑油。

3. 润滑油与橡胶密封件的相容性

设备的弹性体（多为橡胶）密封件损坏也是设备的常见故障，设备的设计和其制造者通常把这类故障归咎于密封件的材料和构造，很少会从润滑油与密封件的相容性去寻找原因。很多橡胶密封件的材料和润滑油在一定温度下长期处于浸泡的状态，其硬度、弹力等会发生变化，其密封的性能和机械强度会变差，产生泄漏甚至损坏，不同的材料密封件与不同的润滑油相匹配会造成密封件的膨胀、变硬的程度相差较大，是因为一些基础油或者其中添加剂的组分和特定橡胶密封件组分产生反应。故在做润滑油配方的研究时，不光要考虑到润滑油的性能是否满足，也要考虑到润滑油与设备使用的橡胶密封件材料是否相容。当相容性不佳时，应当改变密封件的材质或是润滑油的配方，很多品种的润滑油在其产品规格中都带有橡胶密封件材料相容性的具体要求。因此，当发现设备密封部分损坏过快时，除了要考虑密封件的材料与结构外，也应当考虑到密封件与润滑油的相容性。

4. 润滑油油量

润滑油的油量应适合设备需求，润滑油油量偏少，会造成部分齿轮、轴承接触不到润滑油，无法形成油膜，继而出现干摩擦，造成部件磨损破坏，温度升高。润滑油油品偏多，齿轮及轴承等运转部件运行阻力增加，耗电增加，而且润滑油因不断搅拌而升温，黏度下降、油膜变薄、摩擦表面的正常润滑遭到破坏，加剧设备磨损。

（二）设备的磨损

设备的磨损类型分类如下：

1. 黏着磨损

接触表面的材料由于高温产生塑性变形，转移到另一表面，这种现象一般为润滑不良导致，其表面或磨粒外观通常有高温变色以及塑性变形的痕迹。

2. 磨料磨损

两个运动表面间存在硬度不同的颗粒造成材料的转移，这些颗粒可能来自设备本身的磨损，也有可能来源于外部，产生这种情况的表面有时会有刮痕，其磨粒比较圆滑。

3. 疲劳磨损

运动表面在长时间承受交变应力的作用下，达到疲劳极限至强度下降致使材料转移，一般承受的力较大，产生的剥落和点蚀比较多，磨粒有片状和钝粒状。

4. 腐蚀磨损

金属表面与周围介质发生化学反应，形成低强度产物而造成物质损失，这些介质可能来自于油老化的产物或是外来污染物，磨损面外观粗糙，没有光泽，有内部掏空的点蚀，磨粒细小。

5. 其他磨损

如轻微震动、流体冲击、电蚀等磨损。

正常的磨损使得摩擦副配合间隙扩大，造成设备的性能逐渐下降，缩短使用寿命，严重的磨损会导致拉伤、剥落甚至烧结等破坏性故障。磨损形式在实际发生时较为复杂，各种磨损形式混合发生。例如，黏着磨损和疲劳磨损产生的磨粒会造成磨粒磨损，腐蚀磨损使得金属表面的强度下降而易于疲劳，所以有时会造成区分的难度加大。应当抓住各种磨损的主要特点进行分析，如黏着磨损一般伴有高温，因而磨损部位都会有与高温有关的变色或由于达到熔点后有金属塑性流动形状，表面有点蚀、剥落或外观色泽变暗与疲劳磨损或腐蚀磨损有关。

（三）油样的采集

对运行中设备在用的润滑油分析做出诊断就要取油样，这是一项简单而又极其重要的工作，取样是整个设备故障诊断技术的信息链中的始端。如果不能掌握正确的油样采集技术，就无法对设备进行故障诊断，如果采集的油样不具有代表性，其中所含有的信息就会丢失，后面所有的工作都是徒劳的，而这样采集得到的数据所得出的结论也只能起到误导作用，当报告中的数据规律性不强或完全出乎意料而无法解释时，就应当怀疑油样的代表性。油样分析费时费力，合理地安排取样周期，在减少分析工作量的同时还能反映实际情况。油样采集的工作十分简单，但容易忽略其严格性和技术性，故在此说明油样采集必须遵守的几个原则。

1. 取样位置

应在润滑油流动时从主油道取样。这样取得的样品中各种成分比较均匀，能反映设备当时的状况。每次取样位置固定，对较为复杂或易产生磨粒处还要在另一个位置去取第二个油样。若油样是用于分析不溶于油的固体颗粒时，取样位置应当尽量接近颗粒的产生部位如轴承附近，且不要在滤清器的后面取样。

2. 取样时间

从故障预测的角度取样间隔应从疏到密。新的设备开始运转或使用新油时发生故障的可能性较小，润滑油劣化的程度低，取样的间隔可以大一些；而运转中期乃至后期，取样的频率应当逐渐加大，某些项目有异常或者设备的情况有异常时，取样的间隔应加密，从分析项目的结果和设备运行的时间作出的曲线形状可以看出该项目的变化趋势。

3. 在设备运行中的润滑油在循环流动的状态下取样

那时油中的组分较为均匀，操作温度下油的黏度较小，流动性良好，有一定的压力，便于抽取。

4. 在补加新油前取样

以免加入的新油改变了在用润滑油中相关组分的浓度。

5. 每次取样应放掉一些油后再进行取样

每次取样先打开放油阀放掉一些油后再进行取样，先放掉的油是原来管线中积存的不流动的油，这些油不具有代表性。

6. 对独立油箱的静止油进行取样

一般取上、中、下三个位置的油混合后再进行分析。

7. 应比分析项目所需油量多

取油样的量应比分析项目所需油量多 0.5 倍以上，因为完成分析后需要保存油样以备复查。

8. 容器需干净

取油样的容器必须洁净并且干燥。

9. 标注

取样后容器标签应填上油品名称、运行时间（里程）、设备名称、取样日期等，并且进行登记以及编号。尽量做到每次取样固定取样人和取样位置。

（四）加强润滑管理

加强润滑管理并没有很高的技术含量，需要的是工作人员负责、严格和认真，需要的是使用质量相对应的润滑油，做好运行中润滑油的过滤和清洁，控制较低的油温，日常做好润滑油的密封防止泄漏。

1. 使用质量较好的润滑油

要使用质量好并且合适的润滑油，包括对于设备的类型、使用的环境、操作的条件和苛刻的程度，选用适当的润滑油的档次、品种及黏度，是润滑油管理中最重要的一步，一般从以下几个方面来选择润滑油：

第一，选择合适的润滑油档次和黏度，可以参照设备的用户手册，但不能生搬硬套，用户手册上大多指的是普遍情况，应当对设备和润滑油本身具体的应用做出适当的调整。

第二，使用前咨询润滑油的供应商是十分必要的。润滑油的供应商往往是行业内的专业人士，具有足够的资质。

第三，参照同行业用同一设备使用润滑油的情况，还应当具备一定的润滑油基础知识。

若代用或混用润滑油时，还应当注意以下几种情况：

第一，使用同一品牌的润滑油时，务必做到品种要相同，代用润滑油的品种要高于被代品种，若使用不同品种相互代替，需要提前咨询润滑油的供应商。

第二，不同品牌但品种相同的润滑油，应当先进行混合试验再进行代用。

第三，代用和混用只是临时措施，应当尽快取得原用油并换回。

不要为节约成本而以价格低廉作为购买润滑油的主要标准，也不建议使用价格较为昂贵的润滑油，价格高的润滑油不一定合适。一定要以质量合适为原则，购买既节约成本又高效的润滑油。

2. 保持润滑油的清洁度

第一，加强除尘，杜绝水泄漏。

第二，润滑油和空气滤清器应处于高效的工作状态，定期清洗或更换滤清器，确保润滑油的洁净度良好。

第三，润滑油的存放、输送，以及加油器具应按照润滑油的品种配置，切忌混用，保证场所和器具的清洁，从根源切断污染源。

3. 保持较低油温

润滑油温度越高，氧化速度越快，润滑油的使用寿命也会越短，如果采取措施使油温或者设备的温度降低，可以很大程度上延长换油期。

4. 加强油监测

制订合理的油液监测方案，正确解读实验报告，及时发现问题，采取合理措施，避免重大事故发生。

第三节　风机齿轮

风力发电机组中的齿轮箱是一个重要的机械部件，主要功用是将风轮在风力作用下所产生的动力传递给发电机并使其得到相应的转速。除了直驱式风力发电机组外，其他形式的机组风轮的转速很低，远达不到发电机发电的要求，必须通过齿轮箱齿轮副的增速作用来实现，故齿轮箱也称为增速箱。

齿轮箱按内部传动链结构可分为圆柱结构齿轮箱、行星结构齿轮箱和圆柱与行星混合结构齿轮箱三类。

一、圆柱结构齿轮箱

直齿和斜齿圆柱齿轮箱由一对转轴相互平行的齿轮构成。直齿圆柱齿轮的齿与齿轮轴平行，而斜齿圆柱齿轮的齿与轴线呈一定角度。圆柱结构齿轮箱一级传动比较小，多级传动则可获得大的传动比，但体积较大，而且圆柱结构齿轮箱的噪声较大。

二、行星结构齿轮箱

行星结构齿轮箱的输入轴和输出轴在同一条轴线上，由一圈安装在行星架上的行星轮、内侧的太阳轮和外侧与行星轮啮合的内齿圈组成。位于中间的齿轮称为太阳轮，轴线可动的齿轮称为行星轮，行星轮与太阳轮及外部的内齿圈啮合，太阳轮和内齿圈的轴线保持不变。行星结构齿轮箱传动效率高于圆柱结构齿轮箱；由于载荷被行星轮平均分担，在传递相同功率的情况下，行星结构齿轮箱体积要小于圆柱结构齿轮箱，噪声也比较小，但结构复杂。

三、圆柱与行星混合结构齿轮箱

实际应用的风力发电机组主齿轮系中，最常见的形式是由圆柱结构齿轮系和行星结构齿轮系混合构成的多级齿轮箱，它集成了圆柱结构齿轮箱和行星结构齿轮箱的优点，使风力发电机组的设计与使用达到缩小体积、减轻重量、提高承载能力和降低成本的目的。

按照传动的级数可分为单级和多级齿轮箱；按照转动的布置形式又可分为展开式、分流式和同轴式及混合式等。

四、齿轮箱的主要部件

（一）箱体

箱体是齿轮箱的重要部件，它承受来自风轮的作用力和齿轮传动时产生的反力。箱体必须具有足够的刚性承受力和力矩的作用，防止变形，保证传动质量。箱体的设计应按照风力发电机组动力传动的布局、加工和装配、检查以及维护等要求来进行。应注意轴承支承和机座支承的不同方向的反力及其相对值，选取合适的支承结构和壁厚，增设必要的加强筋。筋的位置须与引起箱体变形的作用力的方向相一致。箱体常用的材料有球墨铸铁和其他高强度铸铁。用铝合金或其他轻合金制造的箱体，可使其重量较铸铁轻20%～30%，但从另一角度考虑，轻合金铸造箱体，降低重量的效果并不显著。目前除了较小的风电机组尚用铝合金箱体外，大型风力发电齿轮箱应用轻铝合金铸件箱体已不多见。箱盖上还应设有透气罩、油标或油位指示器。在相应部位设有注油器和放油孔，放油孔周围应留有足够的放油空间。采用强制润滑和冷却的齿轮箱，在箱体的合适部位设置进出油口和相关的液压件的安装位置。

（二）齿轮

风力发电机组运转环境非常恶劣，受力情况复杂，要求所用的材料除了满足机械强度条件外，还应满足极端温差条件下所具有的材料特性，如抗低温冷脆性、冷热温差影响下的尺寸稳定性等。由于齿轮具有传递动力的作用而对选材和结构设计要求极为严格，一般情况下不推荐采用装配式拼装结构或焊接结构，齿轮毛坯只要在锻造条件允许的范围内，都采用轮辐轮缘整体锻件的形式。当齿轮顶圆直径在2倍轴径以下时，由于齿轮与轴之间的连接所限，常制成轴齿轮的形式。

1. 齿轮精度

齿轮精度是指齿轮制造精度，包括运动精度、平稳性精度、接触精度、齿侧间隙精度四项指标。齿轮精度等级，应根据传动的用途、使用条件、传功效率、圆周速度、性能指标或其他技术要求来选择。如有冲击载荷，应稍微提高精度，从而减少冲击载荷带给齿轮的破坏。

2. 渗碳淬火

通常齿轮最终热处理的方法是渗碳淬火，齿表面硬度达到HRC（60±2），同时规定随模数大小而变化的硬化层深度要求，具有良好的抗磨损接触强度，轮齿心部则具有相对较低的硬度和较好的韧性，能提高抗弯曲强度。

3. 齿形加工

为了减轻齿轮副啮合时的冲击，降低噪声，需要对齿轮的齿形齿向进行修形。在齿轮设计计算时已根据齿轮的弯曲强度和接触强度初步确定轮齿的变形量，再结合考虑轴的弯曲、扭转变形以及轴承和箱体的刚度，绘出齿形和齿向修形曲线，并在磨齿时进行修正。

（三）滚动轴承

齿轮箱的支承中，大量应用滚动轴承，其特点是静摩擦力矩和动摩擦力矩都很小，即使载荷和速度在很宽范围内变化时也是如此。滚动轴承的安装和使用都很方便，但当轴的转速接近极限转速时，轴承的承载能力和寿命急剧下降，高速工作时的噪声和振动比较大。齿轮传动时轴和轴承的变形引起齿轮和轴承内外圈轴线的偏斜，使轮齿上载荷分布不均匀，会降低传动件的承载能力。载荷不均匀性而使轮齿经常发生断齿的现象，在许多情况下又是由于轴承的质量和其他因素，如剧烈的过载引起的。选用轴承时，不仅要根据载荷的性质，还应根据部件的结构要求来确定。相关技术标准，如DIN281，或者轴承制造商的样本，都有整套的计算程序可供参考。

（四）密封

齿轮箱轴伸部位的密封应能防止润滑油外泄，同时也能防止杂质进入箱体内。常用的密封分为非接触式密封和接触式密封两种：一是非接触式密封，所有的非接触式密封不会产生磨损，使用时间长；二是接触式密封，接触式密封使用的密封件应使密封可靠、耐久、摩擦阻力小、容易制造和装拆，应能随压力的升高而提高密封能力和有利于自动补偿磨损。

五、齿轮箱的润滑原理

齿轮箱的润滑十分重要，良好的润滑能对齿轮和轴承起到很好的保护作用。为此，必须高度重视齿轮箱的润滑问题，严格按照规范保持润滑系统长期处于最佳状态。齿轮箱常采用飞溅润滑或强制润滑，以强制润滑为多见。

（一）飞溅润滑

飞溅润滑是齿轮箱最简单的润滑方式。低速轴上的齿轮必须浸没在油池中至少两倍于轮齿高度，才能向齿轮和轴承提供充分的飞溅润滑油。在保证向所有轴承及齿轮提供充分润滑的前提下设计最低油位。齿轮箱箱体上应设置油池，沿箱壁流下的油液应尽可能收集并送至轴承润滑。

外置滤清系统可控制污染并防止微粒进入齿轮和轴承的临界表面。建议飞溅润滑系统使用外置滤清系统，外置滤清系统应使油液清洁度比轴承寿命计算时的设定值高一个等级。

在风力发电机组切出或切入前如设置了停机制动，则飞溅润滑有可能防止不了齿轮和轴承间金属对金属的直接接触，这在使用高速轴停机制动时尤为明显。

（二）强制润滑

500kW及以上的齿轮箱应当采用强制润滑系统以确保所有转动部件得到充分润滑，以延长齿轮箱零部件和润滑油的寿命。为了保证充分润滑和控制油温，必须考虑黏度、流速、压力及喷油嘴的大小、数量和位置等因素进行合理的设计。除了浸没于油池工作油位以下的轴承外，所有轴承都必须由该润滑系统可靠供油。强制润滑系统还应配备一个热交换器。

使用电动油泵供油的润滑系统，在风力发电机组制动过程或意外停电时有可能产生短暂的缺油，引起机件的损伤，在齿轮箱的中间轴端设置双向机带油泵，有利于解决此问题。是否设置附加油泵，应由主机厂和齿轮箱厂协商确定。

箱体内的喷油嘴和油管应安装牢固，紧固螺栓应有可靠的防松措施。喷油嘴上宜设置一个内置滤网来防止污物阻塞。

（三）组合润滑系统

采用飞溅和强制两种润滑方式组合的润滑系统应确保所有齿轮和轴承都能得到充分的润滑。组合系统只用于规格较小的油泵和油路，可根据需要配备滤油器、冷却器和加热器。

六、齿轮材质

风力发电机组通常情况下安装在高山、荒野、海滩、海岛等野外风口处，受无规律的变向、变载荷的风力作用以及强阵风的冲击，常年经受酷暑、严寒和极端温差的影响，加之所处自然环境交通不便，齿轮箱安装在塔顶机舱内的狭小空间内，一旦出现故障，修复非常困难，故对其可靠性和使用寿命都提出了比一般机械高得多的要求。因此，对于风力发电机组齿轮箱的构件材料提出了更高的要求。

为了提高承载能力，齿轮一般都采用优质合金钢制造。齿轮、齿轮轴、轴宜采用15CrNi6、17Cr2Ni2A、20CrNi2MoA、17CrNiMo6、17Cr2Ni2MoA等材料。内齿圈按其结构要求，可采用42CrMoA、34Cr2Ni2MoA等材料制造，经渗碳、渗氮或其他方式的热处理，其材料性能应符合相关标准的规定。内齿圈也可采用与外齿轮相同的材料。行星架宜采用QT700-2A、42CrMoA、ZG34Cr2NiM等材料，也可使用其他具有等效力学性能的材料。箱体的毛坯应根据结构形式选用球墨铸铁或铸钢件，也可选用其他具有等效力学性能的材料制作。采用锻造方法制取毛坯，可获得良好的锻造组织纤维和相应的力学特征。合理的预热处理以及中间和最终热处理工艺，保证了材料的综合机械性能达到设计要求。

除了常规状态下力学性能外，齿轮箱材料还应具有以下条件：

第一，低温状态下抗冷脆性等特性。

第二，保证充分的润滑条件等。

第三，应保证齿轮箱平稳工作，防止振动和冲击。

第四，对冬夏温差巨大的地区，要配置合适的加热和冷却装置。

第五，要设置监控点，对风力发电机组齿轮箱的运转和润滑状态进行遥控。

七、齿轮箱的使用与维护

在风力发电机组中,齿轮箱是重要的部件之一,必须正确使用和维护,以延长使用寿命。

(一)安装要求

齿轮箱主动轴与叶片轮毂的连接必须可靠紧固。输出轴若直接与电机联结时,应采用合适的联轴器,最好是弹性联轴器,并串接起保护作用的安全装置。齿轮箱轴线和与之相联结的部件的轴线应保证同心,其误差不得大于所选用联轴器和齿轮箱的允许值,齿轮箱体上也不允许承受附加的扭转力。齿轮箱安装后用人工盘动应灵活,无卡滞现象。打开观察窗盖检查箱体内部机件应无锈蚀现象。用涂色法检验,齿面接触斑点应达到技术条件的要求。

(二)空载试运转

按照说明书的要求加注规定的润滑油达到油标刻度线,在正式使用之前,可以利用发电机作为电动机带动齿轮箱空载运转。此时,经检查齿轮箱运转平稳,无冲击振动和异常噪声,润滑情况良好,且各处密封和结合面无泄漏,才能与机组一起投入试运转。加载试验应分阶段进行,分别以额定载荷的 25%、50%、75%、100% 加载,每一阶段运转以平衡油温为主,一般不得小于 2h,最高油温不得超过 80℃,其不同轴承间的温差不得高于15℃。

(三)正常运行监控

每次机组启动,在齿轮箱运转前先起动润滑油泵,待各个润滑点都得到润滑后,间隔一段时间方可起动齿轮箱。当环境温度较低时,例如小于 10℃,须先接通电热器加热机油,达到预定温度后再投入运行。若油温高于设定温度,如 65℃时,机组控制系统将使润滑油进入系统的冷却管路,经冷却器冷却降温后再进入齿轮箱。管路中还装有压力控制器和油位控制器,以监控润滑油的正常供应。如发生故障,监控系统将立即发出报警信号,使操作者能迅速判定故障并加以排除。在运行期间,要定期检查齿轮箱运行状况,看看运转是否平稳,有无振动或异常噪声;各处连接和管路有无渗漏,接头有无松动;油温是否正常。

(四)定期更换润滑油

第一次换油应在首次投入运行 500h 后进行,以后的换油周期为每运行5000 ~ 10000h。在运行过程中也要注意箱体内油质的变化情况,定期取样化验,若油质发生变化,氧化生成物过多并超过一定比例时,就应及时更换。齿轮箱应每半年检修一次,备件应按照正规图纸制造,更换新备件后的齿轮箱,其齿轮啮合情况应符合技术条件的规定,并经过试运转与负荷试验后再正式使用。

（五）主轴轴承的定期维护

主轴及轴承系统的定期维护主要是针对主轴轴承的定期维护和保养，主轴轴承的补充润滑对其运行可靠性具有重要的意义。主轴轴承常采用的补充润滑方式有手动润滑和集中润滑。

手动润滑通常采用黄油枪或加脂机，通过轴承箱注脂孔，根据运维手册的要求直接注入相应质量或体积的润滑脂。集中润滑通常由润滑脂泵、递进式分配器和管路组成，可以保证机组主轴轴承的润滑方式为少量、频繁多次润滑，从而使主轴轴承始终处于最佳的润滑状态。

主轴轴承在定期维护和保养时，应注意以下事项：

第一，主轴轴承润滑脂加注量、加注周期应严格遵守用户手册。

第二，注意补充润滑脂前后轴承的温度变化。

第三，注意主轴轴承密封表面的润滑脂的变化。

第四，注意密封是否完好，密封上是否有污染物。

第五，注意主轴轴承的振动状况和噪声变化。

第六，应在适当的时间对主轴轴承的润滑脂进行分析，以判断主轴轴承的运行情况。

第七，在沙尘条件下应注意机舱的密封，防止沙尘对主轴轴承的密封产生不良影响。

（六）齿轮箱润滑及冷却系统的定期维护

1. 更换滤芯

通常至少每 6 个月对齿轮箱滤芯进行检查，在齿轮箱启动 8 ~ 12 周之后应第一次更换滤芯。此后，如果有需要时可以随时更换，但至少每年更换一次。

更换滤芯的基本流程：①关闭润滑系统，放油；②打开过滤器顶盖；③人工拉出存放污染物支架的滤芯，更换滤芯，观察滤芯表面的残留污物和大的颗粒；④如果必要的话，清洗过滤器桶、支架和顶盖；⑤确保顶盖和过滤器筒体连接密封性良好，如果需要应更换密封圈；⑥把滤芯小心安装在支架上，把带有新滤芯的支架小心地安装到过滤器支撑轴上；⑦合盖后，开启润滑系统，检查过滤器是否漏油。

更换滤芯的注意事项：①更换滤芯的同时注意检查滤芯上的颗粒物，如果数量较多需要检查齿轮和轴承零部件；②更换滤芯前确认新旧滤芯型号一致；③注意检查滤芯是否存在机械损伤。

2. 控制阀、油路分配器、管路或连接胶管的更换

润滑及冷却系统各零部件由大量控制阀、油路分配器、管路和连接胶管连接。这些控制阀和连接器件出现故障、堵塞、漏油严重或胶管严重龟裂老化时，需要对上述器件进行更换。

控制阀、油路分配器、管路或连接胶管的更换基本流程和注意事项：①关闭润滑系统，

排出线路中润滑油；②拆卸线路或管路连接中的控制阀、分配器连接螺栓；③确保更换的新器件表面和内部无污物和损坏时进行更换；④采用适当的力矩预紧连接管路螺栓，防止内部密封圈变形和压馈；⑤确认连接无误后，开启润滑系统，检查管路接头是否漏油。

3. 齿轮箱冷却器的定期维护

由于组成部件失效或散热片污垢堆积导致齿轮箱油温高停机的现象时有发生，尤其是夏季机舱内温度较高时，因此对冷却器的定期维护对于确保发电量具有重要的意义。

散热片清洗基本流程和注意事项：①齿轮箱停止运行一段时间后，关闭润滑系统，待散热器完全冷却；②采用高压水枪冲洗散热器表面污垢，冲洗按散热器表面纹路方向；③采用尼龙毛刷和清洗剂擦洗堆积在散热片弯曲的拐角等位置污垢；④完成冲洗后，对表面进行擦拭处理。

（七）齿轮箱本体的定期维护

齿轮箱本体最关键的定期维护就是根据齿轮箱使用说明书规定的周期更换齿轮油。根据油品种类和质量的不同，通常更换周期为 3 ~ 5 年，条件允许的情况可以对油品进行检测，并根据检测结果按质换油。

换油的基本流程：①从放油阀放掉齿轮箱里的油；②放掉过滤器里的存油；③清除齿轮箱中的杂质；④更换滤芯；⑤检查空气滤清器，如有必要则更换；⑥关上所有打开的球阀；⑦开始重新加油，确保油位和颗粒度符合要求。

换油的注意事项：①可以人工换油，也可以采用已经成熟的自动换油车集中更换；②换油前应核实油品的品牌和质量；③建议根据实验室的检测结果按质换油；④如果改变润滑油的类型，应先征得齿轮箱制造企业的同意，齿轮箱和润滑系统必须经过仔细的冲洗，完全排除存油。

八、齿轮箱常见故障

风电机组的齿轮箱传动比一般为 70 ~ 100，由于高速端的转速高，会产生较多的热量。增速齿轮箱在如此高速重载情况下，其故障发生率一般会比较高。

齿轮箱的故障多发生在齿轮或滚动轴承（齿轮为 60%，轴承为 19%）上，所以对齿轮箱振动的故障诊断中，齿轮和轴承的故障诊断非常重要。另外，齿轮箱的润滑也十分重要，良好的润滑系统能够对齿轮和轴承起到足够的保护作用。

（一）齿轮的主要故障

齿轮由于操作运行环境、结构、材料与热处理不同，故障形式也不同，因此了解齿轮的失效形式对诊断齿轮箱故障非常重要。齿轮的失效类型基本可分为两类：一类是制造和装配不善造成的，如齿形误差、齿轮不平衡、轮齿与内孔不同心、各部分轴线不对中等；另一类是齿轮箱在长期运行中形成的失效，此类更为常见。

由于齿轮表面承受的载荷很大，两啮合轮齿之间既有相对滚动又有相对滑动，而且相对滑动摩擦力在节点两侧的作用方向相反，从而产生力的变动，在长期运行中导致齿面发生点蚀、胶合、磨损、疲劳剥落、塑性流动及齿根裂纹，甚至断齿等失效现象。

1. 断齿

齿轮的轮齿在受交变载荷时，齿根处产生的弯曲应力最大，在齿根过渡部分还存在截面突变的现象，这样就会容易在轮齿根部产生应力集中。轮齿在受到交变冲击载荷的情况下，这种应力集中容易在齿根处产生疲劳裂纹，逐渐扩大最终导致轮齿折断。

2. 齿面磨损

在齿轮传动中，有时会因为工作条件的恶化，导致齿面不同程度的磨损。齿轮表面的材料不断摩擦和消耗的过程称为磨损。根据磨损损伤机理可以把齿面磨损细分为正常磨损（跑合磨损）、磨料磨损、过度磨损、干涉磨损、中等擦伤、严重擦伤等。

（1）正常磨损（跑合磨损）

正常磨损是指轮齿工作初期，磨损速度缓慢的不可避免的齿面磨损。这种磨损发生在齿轮运转的早期阶段，粗糙的开式齿轮表面的机加工痕迹逐渐消失，齿面呈光亮状态，常称为跑合磨损，其特点是磨损速度慢，磨损后的表面光亮，没有宏观擦痕。在齿轮的预期使用寿命内，对啮合性能没有不良影响。

（2）磨料磨损

常见齿面磨损的类型为磨料磨损，它是指由于混在润滑剂中的坚硬颗粒（如砂粒、锈蚀物、金属杂质等），在齿面啮合时的相对运动中，使齿面材料发生遗失或错位。齿面上嵌入坚硬的颗粒，也会造成磨料磨损。磨料磨损的形貌特征是：齿面出现不同尺寸的分散凹坑，其边缘比较圆滑。这种损伤类型与润滑无关，且不会持续扩展，但降低了齿轮的接触比例，是开式齿轮传动的主要失效形式。

（3）过度磨损

过度磨损是指由于长期使用性能欠佳的润滑剂，抗磨损性能差，摩擦系数过高，大的滑动摩擦力使齿轮表面快速磨损，从而使齿轮副达不到设计寿命。

过度磨损的形貌特征是：齿轮表面明显粗糙，严重时齿廓失去渐开线形状，通常过度磨损的齿轮伴随着胶合、擦伤等损伤，但由于磨损较快，不易出现裂纹和点蚀。工作齿面材料大量磨掉，齿厚减薄，齿廓形状破坏，常在有效工作齿面与工作齿面不接触部分的交界处出现明显磨损台阶，磨损率较高时，齿轮达不到设计寿命。

（4）干涉磨损

干涉磨损是指轮齿齿顶或与其啮合轮齿齿根的磨损。它是由齿顶或另一齿轮齿根的过多材料引起的，其结果是刮去和磨去两齿轮轮齿的齿根和齿顶的材料，导致在齿根部挖出沟槽，齿顶部滚圆。

干涉磨损的特点是轮齿根部齿面被挖出沟，与其接触啮合的轮齿顶部被碾挤变形。轻微的干涉只会引起齿面磨损，增加运动噪声。严重的干涉，会由于齿形的严重破坏而导致齿轮的完全失效。

3. 齿面点蚀

当齿面在承受交变载荷时，齿轮啮合，相互接触的齿面受到周期性变化的接触应力的作用，若检出应力超出材料的接触疲劳极限时，齿轮表面会产生细微的疲劳裂纹，最终形成麻点状损伤称为"点蚀"。风电机组的齿轮箱为闭式齿轮传动，在交变载荷的影响下，多发生点蚀失效。早期点蚀的特点为体积小、数目少、分布范围小，但可能会随运行时间增长进一步扩大，数目增加形成扩展性点蚀，造成大块金属脱落，此时称为"剥落"。二者无本质区别，当剥落面积不断增大，剩余齿面不能继续承受外部载荷时，整个齿轮发生断裂，最终导致失效。

4. 齿面胶合

在高速和重载的齿轮传动中，如果两个啮合的齿面在产生相对滑动时润滑条件不良，油膜就会破裂，在摩擦和表面压力的作用下产生高温，使处于接触区内的金属出现局部熔焊，齿面相互啮合时容易粘连，当两齿面继续做相对运动，齿面粘连部位可能会被撕裂，轮齿工作表面形成与滑动方向一致的沟纹，这种现象称为齿面胶合。

胶合分为冷黏合和热黏合，冷黏合的沟纹比较清晰，热黏合可能伴有高温烧伤引起的变色。冷黏合撕伤是在重载低速传动的情况下形成的。由于局部压力很高，油膜不易形成，轮齿金属表面直接接触，在受压力产生塑性变形时，接触点由于分子相互的扩散和局部再结晶等原因发生黏合，当滑动时黏合结点被撕开而形成冷黏合撕伤。热黏合撕伤通常是在高速或重载中速传动中，由于齿面接触点局部温度升高，油膜及其他表面膜破裂使接触区的金属熔焊，啮合区齿面产生相对滑动后又撕裂形成的。

5. 塑性变形

低速重载传动时，若齿轮齿面硬度较低，当齿面间作用力过大，啮合中的齿面表层材料就会沿着摩擦力方向产生塑性流动或者可以理解为卸去施加的载荷后不能恢复的变形，这种现象称为塑性变形。

塑性变形又分为滚压塑变和轮齿锤击塑变。滚压塑变是由于啮合轮齿的相互滚压与滑动而引起的材料塑性流动所形成的。由于材料的塑性流动方向和齿面上所受的摩擦力方向一致，所以在主动轮的轮齿上沿相对滑动速度为零的节线处被碾出沟槽，而在从动轮的轮齿上则在节线处被挤出脊棱。轮齿锤击塑变则是伴有过大的冲击而产生的塑性变形，它的特征是在齿面上出现浅的沟槽，且沟槽的取向与啮合轮齿的接触线相一致。提高轮齿齿面硬度和采用高黏度的或加有极压添加剂的润滑油均有助于减缓或防止轮齿产生塑性变形。

（二）滚动轴承的主要故障

滚动轴承是传动箱中的另一重要部件，它的失效直接影响到齿轮箱的工作。如轴承出现异常，会产生振动和噪声，同时产生的振动也直接影响齿轮的传动能力。滚动轴承的故障原因很多，主要的故障形式与原因包括疲劳剥落、磨损、塑性变形、腐蚀、断裂、胶合、保持架损坏等。疲劳剥落和磨损是滚动轴承最为常见的两种故障形式。

1. 疲劳剥落

在交变载荷作用下，轴承滚子表面和滚道产生周期变化接触应力。运行一段时间后，首先在接触表面处形成裂纹（该处的剪应力最大），随之发展到接触表面，使表层金属成片剥落。疲劳剥落是滚动轴承故障的主要原因，会造成运转时的冲击载荷，振动加剧。

2. 磨损

杂物的侵入以及滚道和滚子之间存在的相对滑动都可能引起表面的磨损，如果润滑条件不良则会加剧磨损程度。磨损量的增大，导致轴承表面粗糙，游隙变大，从而降低轴承运行精度，还将导致振动和噪声的增大。

3. 塑性变形

轴承的转速小于 1r/min 时，其损坏形式主要是塑性变形。在承受冲击载荷，或重载荷、静载荷、落入硬质杂物时，在轴承的滚道与滚子接触面上有时会出现不均匀的凹坑，特别是在低速旋转的轴承上常发生此类故障形式。

4. 腐蚀

当轴承内部有较大电流通过时会引起电化学腐蚀，润滑油或水会引起表面锈蚀，轴承套圈在座孔中或轴颈上微小相对运动可能引起微振腐蚀。

5. 断裂

磨削、重载荷或装配不当等都会引起轴承断裂，在轴承加工处理过程中产生的残余应力过大时也可能造成轴承零件断裂。

6. 胶合

在润滑不良或高速重载下，摩擦发热可能使轴承零件短时间内达到很高的温度，在零件表面处可能出现局部烧伤，或者某表面的金属黏附到另一表面上，这种失效方式称为"胶合"。

7. 保持架损坏

由于装配不当或使用不当可能引起保持架变形，增加其与滚动体的摩擦，使得振动、噪声和发热加剧，最终导致轴承的损坏。

（三）润滑系统的主要故障

润滑系统的功能是使齿轮和轴承的相对运动部位上保持一层油膜，使零件表面产生的点蚀、磨损、粘连和胶合等破坏最小。润滑系统设计与工作的优劣直接关系到齿轮箱的可靠性和使用寿命。润滑系统的故障形式主要表现在油温过高、油泵过载、齿轮油位低和齿轮油压力低几个方面。

1. 齿轮箱油温高

齿轮箱出现异常高温现象，一般是由于风力发电机组长时间处于满负荷状态，或风力发电机组本身散热系统工作不正常等因素造成的。润滑油因齿轮箱发热而温度上升超过正常值，当出现故障时，应根据具体情况，分析造成齿轮箱油温过高的原因，及时记录有关风力发电机组运行数据，并与正常运行机组对比。同时应采集油样，进行油品分析，看油品是否变质，及时更换润滑油品。若是由于机组设计问题造成的对风力发电机组散热考虑的疏忽，导致风力发电机组在长时间运行时，机舱内散热性能较差，导致齿轮箱油温度上升较快，则应改善机舱内部散热，从而减少齿轮箱油温上升较快的情况，或加装齿轮箱润滑油品外循环系统改善机组的运行条件。

2. 润滑液压泵过载

这类故障多出现在冬季低温气象条件下，由于风力发电机组长时间停机，齿轮箱加热元件不能完全加热润滑油品，造成润滑油品黏度变大，当风力发电机组启动，液压泵工作时，电动机过负载。出现该类故障后，应使机组从待机状态下逐步加热齿轮油至正常状态后再启动风力发电机组，避免强行启动机组，以免因齿轮油黏度较大造成润滑不良，损坏齿面或轴承以及润滑系统的其他部件。

另一常见原因是部分使用年限较长的机组，油泵电机输出轴油封老化，导致齿轮油进入接线端子盒造成端子接触不良，三相电流不平衡，出现油泵过载故障，更严重时甚至会导致齿轮油大量进入油泵电机绕组，破坏绕组气隙，造成油泵过载。此时，应及时更换油封，清洗接线端子盒及电机绕组，并加温干燥后重新恢复运行。

3. 齿轮箱油位低

齿轮箱油位的监测，通常是依靠一个安装在保护管中的磁电位置开关来完成的，它可以避免油槽内扰动而引起开关的误动作。当齿轮油低于油位下限，磁浮子开关动作。当报警系统显示出齿轮油位低时，运行人员应及时到现场检查齿轮油位，必要时测试传感器功能。不允许盲目复位开机，避免润滑条件不良损坏齿轮箱或者因齿轮箱有明显泄漏点，开机后导致更多的齿轮油外泄。另外，润滑油在齿轮箱外设管路循环时，可能造成齿轮箱本体内油位下降，这种情况一般多出现于新投入使用的机组，需要补加适量润滑油品，但不能过量，过量补加润滑油品会造成润滑油从高速输出轴或其他部位渗漏。

4. 润滑液压泵出口油压低

润滑液压泵出口管路上一般设有用于监控循环润滑系统压力的压力继电器，润滑液压泵出口油压低故障是由该压力继电器发信号给计算机的。润滑液压泵出口油压低可能由液压泵失效和油液泄漏引起。另外，当风力发电机组在满负载运行时，有可能齿轮箱缺油，而齿轮箱油位传感器未动作，当液压泵输出流量小于设定值时，压力继电器也会动作。有些使用年限较长的风力发电机组因为压力开关老化，整定值发生偏移同样会导致该故障，这时需要在压力试验台上重新整定压力开关动作值。

九、齿轮箱的振动监测

齿轮箱状态监测与故障诊断是了解和掌握设备使用过程中的状态，确定其整体或局部的正常或异常，发现早期故障并预报故障早期发展趋势的技术。通过故障分析可以降低风力发电机组运行维护成本，提高机组的运行效率和可靠性，还可以为机组的结构优化和改进提供依据。

利用振动监测分析故障的方法可分为简易诊断法和精密诊断法两种。简易诊断可以通过直接判断振动信号的幅值是否超出正常的阈值来检测系统是否发生了故障，目的是初步判断被列为诊断对象的部件是否出现了故障；精密诊断则需要通过对振动信号运用信号处理方法进行进一步分析，精密诊断的目的是要判断在简易诊断中被认为出现了故障部件的故障类别及原因。

（一）振动监测原理

齿轮箱是风力发电机主要传动装置，在风机运行是齿轮箱内部齿轮和轴承等会产生不同的振动信号，在齿轮箱发生故障时，这些器件的振动信号将产生不同变化，而这些非正常的振动信号变化可以表征齿轮箱的不同故障，因此可以通过振动监测的方法进行齿轮箱故障诊断。通过在齿轮箱适当部位安装振动传感器采集振动信号，并对采集到的振动信号进行分析，便可以简单判断齿轮箱的故障类型。

（二）振动监测分析方法

齿轮箱振动信号包含了丰富的有用信息，当箱体内部的设备轴承、齿轮和轴发生异常故障时，这些信息在齿轮箱振动信号中都会有不同的反映。齿轮箱的机械振动参数比其他参数往往更能直接、快速、准确地反映机组的运行状态，故障分析和诊断案例中常用到的振动监测分析方法如下。

1. 时域分析

时域分析是通过对振动波形的振幅大小、变化速率和波形形状等特征值的观察分析，建立与系统实际运行状况间的对应关系，达到设备故障诊断目的的方法。特征值分析包括信号的最大值、最小值、峰值和有效值等；幅值域分析包括对时域信号的概率密度函数和概率分布函数的分析。

2. 频域分析

频域分析是通过傅立叶变换将复杂时域信号变换到频域中，从而获得信号的频域特征，并以此来判定故障的类型和程度的方法。频域分析法是用于齿轮箱故障诊断的必要工具，因为频谱里包含了故障信号的特征频率和幅值相位等相关信息，可以为诊断故障的部位和原因提供依据。通常可以通过对故障信号进行频域分析，利用各种频域变换工具以频率为横坐标展开数值，从而得到特定的频率所对应的幅值。幅值和频率值与故障类型一一对应，这样就能提取到各种故障类型所对应的故障特征值，方便定位故障部位和判定故障类型。

3. 包络分析

苏联科学工作者在 1978 年提出了包络分析技术并将其应用于对旋转机械的故障诊断中，包络分析是一种可以有效处理由于机械冲击而引起高频响应的方法，这种方法在故障诊断领域最主要的应用是对滚动轴承的诊断。如今这一技术也被应用于转子和透平机等旋转机械部件的故障诊断中。

在针对齿轮箱的故障数据分析中，包络线法一般被用作报警值，所以它又被称为包络线报警值。其极限报警值不仅仅是频谱中的某个频段，还包括了整个频谱，覆盖了所有频率，并且对频率上细微的峰值点很敏感。

4. 倒谱分析

倒谱分析也被称为二次频谱分析，是现代信号处理科学中的一项新技术，是复杂谱图中检测周期分量的有力工具。

功率谱分析能够从具有周期的复杂随机波形中找到周期信号，但有时我们很难直观地看出一个复杂的功率谱图的特点和变化情况，而使用倒频谱分析就能够显示出振动状态的一些变化，并能够突出功率谱图的一些特点，从而给故障诊断提供有效的依据。

5. 全息谱分析

全息谱分析方法是通过内插技术，精确求解利用自由方式采集到的振动信号的相位值、幅值和频率，并集成设备垂直方向和截面水平振动信号的幅值、频率和相位信息，通过合成的椭圆系列来表示不同频率分量下的设备振动行为。

全息谱方法包括全息谱阵、二维全息谱和三维全息谱。与传统谱分析方法不同的是，它利用运动部件两个相互垂直方向振动之间的相互关系，就可以了解部件的振动全貌，体现了综合分析、全面利用信息的故障诊断思想。

（三）齿轮箱典型故障振动信号特征

在齿轮箱故障诊断中，关键在于如何准确地提取典型故障的信号特征，如何根据提取的故障信号的特征选取有效的故障诊断方法。齿轮箱主要包括齿轮、轴、滚动轴承和箱体，因此齿轮箱的故障主要表现为这几个部件的故障。

1. 齿形误差

齿轮的失效形式中，从齿轮故障诊断的角度出发，凡是造成齿轮齿形改变的故障，其振动信号特征差别不大，所以统称为齿形误差。当增速齿轮箱中的齿轮发生齿形误差时，可以通过检测箱体数字振动信号，经过时域、频域和解调谱分析得到其信号特征，齿形误差振动信号特征主要表现在以下几个方面：

第一，在时域上，振动幅值会有不同程度的变大，随着齿形误差程度的增大，幅值也会逐渐增大。

第二，在频谱上，将产生啮合频率调制现象，以故障齿轮所在轴转动频率及其倍频为调制频率，而且在啮合频率及其倍频附近有稀疏的小幅值边频带出现。

第三，齿形误差严重可能会引起的激振能量较大，产生齿轮共振调制。

第四，包络能量（包括峭度指标和有效值）有所增大，振动能量也会增大。

2. 断齿

断齿是齿轮常见的失效形式之一，断齿的振动信号特征主要表现为以下两个方面：

第一，在时域上，振动信号幅值较大，振动的冲击的频率与断齿所在轴的转频相等。

第二，在频谱上，在啮合频率及其高次谐波附近出现数量大、分布宽的边频带；由于冲击能量较大，可能激励起齿轮的固有频率，出现以齿轮各阶固有频率为中心频率，以断齿所在轴的转频及其高次谐波为调制频率的调制边频带。

3. 轴弯曲

轴弯曲会导致增速齿轮箱箱体的振动，进行故障类型判断时也要从箱体的振动信号特征来诊断。轴弯曲时齿轮箱箱体振动信号特征主要表现为以下几个方面：

第一，在时域上，振动呈有规律的变化，幅值会有所增大。

第二，出现以齿轮所在轴转频及其倍频为调制频率的啮合频率调制现象，而且调制边频带数量少而稀。

第三，弯曲的轴上有多对齿轮啮合，可能出现多对啮合频率调制现象。

第四，振动能量有所增加，尤其轴向振动能量增加较大，包络能量也会增加。

4. 轴承疲劳剥落

当风电机组增速齿轮箱轴承内、外环以及轴承滚动体出现疲劳剥落故障时，振动信号特征主要表现为以下方面：

第一，在时域上，振动幅值会增大，有时会带有较明显的周期性。

第二，在频谱上，中高频区外环固有频率附近出现明显的调制现象，出现以轴承转动频率为调制频率的频率调制现象。

第三，滚动轴承故障产生的振动信号能量大小与齿轮或轴系故障产生的能量大小相比，前者要小得多，这给诊断带来了很大的困难。

5. 轴不平衡

齿轮箱中轴不平衡时，振动信号特征主要表现为以下几个方面：

第一，在时域上，振动幅值会增大，并出现周期性变化趋势。

第二，在齿轮传动中也将导致齿形误差，有故障轴的转频成分幅值明显变大。

第三，出现以齿轮所在轴转频为调制频率的啮合频率调制现象，而且调制边频带数量少而稀。

6. 箱体共振

增速齿轮箱箱体共振是增速齿轮箱的一种严重的故障形式，一般由于受到箱体以外其他激励的影响，激发了箱体的固有频率形成箱体共振。箱体共振信号特征主要表现为以下几个方面：

第一，箱体共振时，固有频率的幅值很大，共振幅值会增大，其他频率成分则很小或没有出现。

第二，振动频率为箱体的固有频率。

第三，振动能量有大幅度的增加。

第四节　风力发电机齿轮润滑油及监测

一、风机用齿轮油的发展

早在 1877 年，Charles Friedel 和 James Mason Craft 就生产一种仅含烃分子的合成油，直到 1937 年聚 a 烯烃（PAO）首次被合成成功。20 世纪 70 年代初 Amsoil 和 Mohil 开始把聚 a 烯烃应用到普通民用汽车发动机油中，聚 a 烯烃才被作为润滑油真正开始商业化应用。聚 a 烯烃是一种具有特殊梳状或树杈状结构的链烷烃，其作为合成润滑油的原料具有黏度指数高、倾点低、抗热氧化性能好等优点，因此广泛用于特种润滑领域，如用于压缩机油、齿轮油、高低温液压油、内燃油、润滑脂和汽车自动传动液等。在现代工业应用和生活合成润滑油的基础油中，聚 a 烯烃占 30% ~ 40%。由于聚 a 烯烃基础油的优异性能，国内外大部分油品生产厂商利用聚 a 烯烃基础油来生产风力发电机齿轮油。

（一）聚 a 烯烃的分类

聚 a 烯烃按黏度可以分为三类，即低黏度聚 a 烯烃、中黏度聚 a 烯烃和高黏度聚 a 烯烃，低黏度聚 a 烯烃包括 PAO2、PAO4、PAO5、PAO6、PAO8、PAO9 和 PAO10 等；中黏度聚 a 烯烃包括 PAO24 等；高黏度聚 a 烯烃包括 PAO40、PAO1OO、PAO150、PAO300 等。按单体分类，聚 a 烯烃基础油可以分为聚癸烯、聚十二烯和十混合烯与十二混合烯的聚合物，聚癸烯包括 PAO2、PAO4、PAO6、PAO8、PAO25，聚十二烯包括 PAO2.5、PAO5、PAO7、PAO9，十混合烯与十二混合烯的聚合物包括 PAO40、PA0100 等。

（二）国内外聚 a 烯烃合成润滑油的生产

聚 a 烯烃可作为润滑油基础油，其使用性能与化学结构有着密切的联系。聚 a 烯烃烃合成油的主要原料是 a 烯烃（C8 ~ C10，主要是 C10），工业上主要可通过石蜡裂解和乙烯齐聚等方法获得。石蜡裂解法的工艺相对比较简单，欧美和俄罗斯早期曾使用该方法制取 a 烯烃，随着工艺技术的成熟，目前国际上一般以乙烯齐聚的癸烯为原料生产聚 a 烯烃合成油。

聚 a 烯烃的性能决定于所选 a 烯烃的种类、聚合催化剂的类型以及聚合反应的条件和反应产物的后处理等。采用纯度较高的 a 烯烃时，较易得到黏度指数更高、倾点更低的聚 a 烯烃；采用空间定位较好的催化剂，如金属茂催化剂，可以得到结构更规范、黏度更高的聚 a 烯烃，同时聚 a 烯烃的产率也较高。

现代物理仪器可以很好地表征各类合成材料，包括聚 a 烯烃的化学结构，例如高分辨质谱仪、超导核磁共振仪、傅里叶变换红外光谱仪等。对于聚 a 烯烃这类链烷烃的分析，场解吸电离质谱（FDMS）是一种首选的软电离质谱技术，它可以有效地电离聚 a 烯烃的各聚合体。与快原子轰击、基质辅助激光解吸电离等软电离技术相比，它的突出优点是不需要任何基质，主要形成分子离子峰，得到简单的质谱图。与场致电离源（FI）相比，样品电离时无须先汽化，因而适合分析难挥发、高沸点、高相对分子质量、易热解的非极性有机样品。但由于 F1 和 FD 电离源的电离效率较低，无法与大多数高分辨质谱联用，限制了其在油品详细表征中的应用。近年来，快速发展的飞行时间质谱技术（TOFMS）使 FD 与快速色谱（GC）和高分辨质谱的结合成为可能。带有多通道（MCP）检测器的 TOF 能同时对样品中的所有质量离子进行高灵敏度的采集。核磁共振波谱（NMR）与红外光谱（1R）技术能够很好地测定各种烃类化合物的结构基团。在聚 a 烯烃化学结构的研究中，可以借助这两种技术确定聚合物的链结构、残余双键类型等。

（三）聚 a 烯烃的性能

1. 聚 a 烯烃与矿物油物理性质的比较

聚 a 烯烃的黏度指数较其他的矿物油要高，黏度高对于基础油的润滑性能会产生至关重要的影响，由于聚 a 烯烃的润滑性能要比矿物油好，因此被广泛应用于润滑油基础油中。聚 a 烯烃倾点比矿物油要低，因此要比矿物油具有更为优越的低温流动性，可以调制很多低温要求高的油品，可以在低温条件下使用，很大程度上扩大了油品的使用地域范围。

2. 聚 a 烯烃的氧化安定性

基础油的氧化安定性是指润滑油在长期储存或长期高温下使用时抵抗热和氧的作用，保持其性质不发生永久变化的能力。

在旋转氧弹测试中，高品质的聚 a 烯烃合成基础油达到压降的时间是矿物油的 3 ~ 4 倍，是深度加氢基础油的 1.5 ~ 2 倍。聚 a 烯烃达到规定的压降的时间长，表明其吸氧少，抗氧化性好。

3. 聚 a 烯烃的低温性能

聚 a 烯烃比同黏度的矿物油具有良好的低温流动性，黏度指数也较高。用作内燃机油，低温启动性十分优异。

4. 聚 a 烯烃的剪切安定性

聚 a 烯烃具有极佳的剪切安定性，以聚 a 烯烃作为基础油的润滑油在剪切作用下可以保持最佳的黏度及相关性能。润滑油的剪切安定性十分重要，如果性能不好，润滑油很有可能在机械零件间润滑的过程中油品变质、性能严重降低。良好的剪切安定性保证了其优越的性能，可满足有高要求的机械润滑及其他应用。

5. 聚 a 烯烃的毒性

聚 a 烯烃是一种纯的饱和烃化合物，不含芳烃和其他基团，具有无毒无味的性能，不会对环境造成污染和破坏，在作为工业润滑油时也不会对工作环境有影响，符合现代绿色环保的需求。此外聚 a 烯烃对皮肤和黏膜无刺激作用，对皮肤的渗透性和营养滋润效果也很好，聚 a 烯烃在化妆品和护肤用品中的应用也变得广泛起来。

二、齿轮油监测方法

（一）油液分析技术

目前，油液分析技术作为大多数风电企业齿轮箱状态监测的主要手段，主要是利用润滑油作为信息载体，对机械设备使用的油液的物理、化学性能以及油液中所含的磨屑、外来污染物等进行分析的技术。该技术对低速重载、环境恶劣、以磨损为主要失效形式的机械监测特别有效，有着与其他监测方法如振动监测所无法比拟的优越性。油液分析技术主要通过以下三种方式实现油液监测：一是通过对油液中磨损颗粒的数量、大小、形状、成分及变化趋势的分析；二是通过对理化指标，像水分、运动黏度、酸值、氧化安定性等分析；三是判断油液中污染程度。综合以上三方面数据信息，对齿轮箱运行状态进行评估，实现状态监测。

油液分析技术包括油液理化指标分析技术、光谱分析技术、铁谱分析技术等。其中，油液理化指标分析主要是对油液的运动黏度、氧化安定性、水分、酸值等指标进行分析，从油液化学组成成分、微观分子结构上判断油液是否存在氧化裂解、污染物等润滑性能异常等现象。光谱分析技术可以对油液中的 22 种元素进行定性、定量分析，能够精确地分析油液中的各种元素的成分及含量。该技术有利于磨损趋势分析，但不能识别磨粒的形状、尺寸、磨损部位等信息。铁谱分析技术是 20 世纪 70 年代国际摩擦界研究成功的磨损颗粒分析技术。它能够分析大于 $1\mu m$ 的磨粒，可以迅速分辨出铁类和非铁类磨损颗粒，并对正常磨粒、切削磨粒、剥块、严重磨粒、层状磨粒、氧化物磨粒、有色金属磨粒、摩擦聚合物和纤维等磨损磨粒类别做出判断分析。该技术对摩擦系统的各种磨损故障诊断十分敏感，能够为磨损故障提供早期诊断。其中，直读式铁谱分析技术可以测定油液中磨粒的浓度及尺寸分布，做出定量分析；分析式铁谱分析技术可判定油液中磨粒的化学成分及磨粒来源，做出定性分析。

（二）监测手段

1. 理化试验项目及国内外监测方法

风电机组齿轮油检测项目主要有以下几项：

（1）外观

一般来说，润滑油种类不同，颜色外观会表现出差异。颜色淡的润滑油多是由轻质馏分和深度精制基础油生产的油品；颜色深的润滑油多是由重质馏分基础油生产的油品，合成烃型润滑油颜色相对较浅。国内外标准中对于油品外观均采用目测方法，指标为"透明"。

（2）水分

齿轮油中的水分一般以游离水、乳化水和溶解水三种形式存在。一般来说，游离水比较容易去除，而乳化水和溶解水不容易去除。游离水是和齿轮油完全分层的水；乳化水则是指和齿轮油形成乳浊液的水；溶解水是指和齿轮油互相溶解的水，溶解水存在于烃类分子空隙间，与烃类呈均相分布，溶解量取决于油品的化学结构组成和温度。齿轮油中的水分主要是在运输和储存过程中进入的，尽管齿轮油与水很难混合，但是具有一定程度的吸水性，能在与外界环境接触中吸收一部分水。润滑油中水分的存在具有很大的危害性。首先，会降低油膜的厚度和刚度，破坏油膜的承载能力，使润滑效果变差；其次，加速有机酸对金属的腐蚀作用；再次，导致添加剂损失，尤其是金属盐类添加剂；最后，水分的过量存在，也会在合适的温度下，加速油品氧化速度。

（3）酸值

中和 1g 油试样中的酸性物质所需要的氢氧化钾毫克数称为酸值，用 mgKOH/g 表示。酸值可在润滑油配方研究中用于控制润滑油的质量，也可用于测定油品使用过程中的降解情况（氧化变质）。酸性物质包含油品中酸性物质的总量，如有机酸、无机酸、有机酯、酚类、铵盐和其他弱碱的盐类、多元酸的酸式盐和某些抗氧及清洁添加剂。酸值升高表明油品中存在氧化或者抗氧剂消耗的现象。当油品酸值升高达到一定程度时，应立即更换油品。

国内外测定酸值的方法分为两种，一种是颜色指示剂法，如 GB/T 264、SH/T 0163；另一种是电位滴定法，如 GB/T 7304 和 ASTMD664。前者是根据指示剂颜色的变化来确定滴定终点，变压器油、汽轮机油、抗燃油一般用该方法测定酸值。后者是根据溶液中电位变化来确定滴定终点，目前，一般采用电位滴定法测定风机齿轮油的酸值。

（4）运动黏度

黏度是油品流动性的一种表征，反映了液体分子在运动过程中相互作用的强弱，它是衡量油品油膜强度重要指标，是各种机械设备选油的主要依据。润滑油牌号是根据黏度进行划分的。对于石油产品而言，石蜡基型原油含烷烃成分较多，分子间力的作用相对较小，黏度较低，而环烷基原油含酯环、芳香烃较多，黏度一般较大。但需注意的是油品的流动性并不仅仅决定于黏度，它还与油品的倾点有关。

黏度的度量方法分为绝对黏度和相对黏度两大类。绝对黏度分为动力黏度和运动黏度两种，相对黏度有恩氏黏度、赛氏黏度和雷氏黏度等几种表示方法。运动黏度是油品的动力黏度与同温度下油品的密度之比。黏度等级的选择，主要参考齿轮线速度和环境温度两个方面。一般线速度低的，可选择黏度等级较高的工业齿轮油；线速度高的，要选择黏度等级较低的工业齿轮油。除此之外，要综合考虑使用温度的高低，油温高要选用黏度等级较高的工业齿轮油。对于要求使用温度很高和很低的特殊工业齿轮油，应向设备生产商或润滑油供应商咨询。风电机组齿轮箱根据工况、负载、齿轮的设计，一般选用运动黏度为 $320mm^2/s$ 的润滑油，即牌号为 320 的齿轮油。

随着机组运行时间的延长，油品受到老化、污染、受潮等因素的影响，运动黏度会发生改变，而润滑油黏度直接影响着齿轮疲劳寿命，因此为了确保齿轮箱正常的使用寿命，需对润滑油黏度进行常规检测。

国内检测运动黏度的方法有 GB/T 265 和 GB/T 11137。前者是在某一恒定的温度下，测定一定体积的液体在重力下流过一个标定好的玻璃毛细管黏度计的时间，黏度计的毛细管常数与流动时间的乘积，即为该温度下测定液体的运动黏度。后者是测定一定体积的液体在重力作用下流过一个经校准的玻璃毛细管黏度计（逆流黏度计）的时间来确定深色石油产品的运动黏度。两者只是黏度计应用和方法适用范围的不同。

（5）氧化安定性

润滑油抵抗氧化变质的能力叫作润滑油的安定性。润滑油的氧化安定性是反映润滑油在储存、运输和实际使用过程中氧化变质或老化倾向的重要特性。油品在使用过程中，会与空气接触，发生氧化作用，尤其是在温度较高或有金属存在的条件下，会加速油品的氧化过程。油品氧化后，颜色变深，酸度增加，黏度增大。对于工业齿轮油而言，目前测试氧化安定性试验的方法主要有多种，其中一种方法的主要原理是向试样中通入一定纯度的氧气或干燥空气，在金属催化剂存在的作用下，在规定的时间和温度下，测定样品的沉淀值、酸值变化或者黏度的增加值等指标的变化。另外一种方法是旋转氧弹法，是利用一个氧压力容器，在水和铜催化剂存在的条件下，在150℃评定具有相同组成（基础油和添加剂）新的和使用中的油品的氧化安定性。不同的油品，选择的方法不同。

（6）抗乳化性

抗乳化性能是工业润滑油重要质量指标之一，又称破乳化性能。在规定的条件下使润滑油与水混合形成乳化液，然后在一定温度下静止，润滑油与水完全分离所需时间，以分钟表示。时间越短，抗乳化性能越好。

（7）颗粒计数

润滑油的清洁度包含润滑油本身的洁净程度、设备安装、检修时遗留的残渣；油品生产运输及注油过程中产生的尘埃；运行过程中来自外界的粉尘；油液氧化产生的油泥；齿面接触和摩擦产生的磨粒等。油中的固体颗粒是非常有害的，因为固体颗粒会使摩擦副表面产生磨粒磨损，导致轴承或齿面损坏。

风电机组齿轮箱装有旁路过滤系统，采用齿轮传感装置的油循环系统应进行颗粒度监测，确保运行油和补充油的清洁度达到设备要求。油循环系统应装有在线过滤装置，来满足系统需求。如果在线过滤系统无法满足设备清洁度要求，应借助辅助的过滤措施实现。同时，应咨询润滑油和过滤系统供应商确定油品与过滤系统的相容性并决定最佳的过滤速度。

造成齿轮箱颗粒度指标主要原因有三个方面，一是齿轮箱的生产工艺和装配控制方面存在着问题，二是齿轮箱的过滤系统无法实现精细过滤，三是大多数风电企业没有采取维护措施或者采取措施不合理。对于火电机组的润滑油，当例行试验发现油品颗粒度超过有关标准规定时，可以通过外接过滤机进行过滤，滤出杂质、水分、细小颗粒物等，而对于风电机组齿轮油，由于其较高的黏度、高处作业等问题，滤油机滤油的方式难度较大。不过现在有一些进行后市场服务的商家也开发了专用滤油机滤油服务，但成本相对较高。

目前国内运行的大部分风电机组，都只装有一个主路过滤器，并没有设计旁路精细过滤器，尽管部分制造商将过滤系统滤芯精度调至 $7\mu m$，但是依然无法达到相关标准要求。有研究建议在风电机组上加装更加精细，更加高效的过滤器以保证更优的清洁度，确保齿轮箱和风电机组运行的可靠性。研究结果表明，将过滤器精度从 $10\mu m$ 提升到 $3\mu m$ 后，可以延长轴承寿命的 50%。当然过滤器并不是越精细越好，太精细的过滤器有可能会过滤掉齿轮油中的部分添加剂，导致润滑油的性能急剧下降，影响齿轮箱的稳定运行。同时过于精细的过滤器其流量较小，无法满足冷却器的要求。

过滤器除了滤芯精度外，还有三个重要的指标，即过滤比、过滤效率和纳垢容量。过滤比用 β 值表示，是指过滤器上游油液中单位容积中大于某给定尺寸的污染物颗粒数与下游油液中单位容积中大于同一尺寸的污染物颗粒数的比值。例如，1 个 β_3 值为 1000 的过滤器表示此 $3\mu m$ 的过滤器能够一次过滤掉 99.9% 的杂质。过滤效率反映过滤器滤除油液中污染颗粒的能力。纳垢容量则表示过滤器容纳杂质的能力，相同情况下纳垢容量越大的过滤器，其更换周期越长。因此，各风电企业在选择过滤器时，应充分考虑过滤器滤芯精度、β 值、过滤效率和纳垢容量等指标对过滤效果的影响。对于风电齿轮箱过滤系统的选择，有建议采用主路 $5\sim7\mu m$ 过滤器，旁路 $3\mu m$ 过滤器的设计，一般值都要求在 200 以上。

（8）倾点

倾点在规定的试样条件下，被冷却的试样能够流动的最低温度，是评价润滑油低温使用性能的重要指标。润滑油的倾点主要与油品的化学成分有关。一般认为，润滑油的倾点温度要比设备运行环境的最低温度低 5℃。风电机组尤其在严寒地区的机组，对油品的低温性能提出了明确的要求。

将试样经预加热后，在规定的速率下冷却，每隔3℃检查一次试样的流动性。记录观察到试样能够流动的最低温度为倾点。

（9）闪点

闪点是用以判断油品分组成的轻重。润滑油中如混入轻质组分，油品闪点会降低。润滑油的闪点是润滑油储存、运输和使用的安全指标，同时也是润滑油的挥发性指标。

闪点的测定方法分为开口杯法和闭口杯法。前者用以测定重质润滑油的闪点，后者用以测定闪点在150℃以下的轻质润滑油的闪点。

（10）铜片腐蚀

一种测定油品腐蚀性的定性方法。主要测定油品有无腐蚀金属的活性硫化物和元素硫。该方法主要原理是将已磨光的标准尺寸的铜片浸入一定量的油中，并按产品标准要求加热到指定的温度，保持一定时间，结束后，将铜片洗涤后与腐蚀标准色板进行比较，确定腐蚀级别。

（11）液相锈蚀

液相锈蚀是评价油品与水混合时对铁部件的防锈能力。主要是通过将油试样与蒸馏水或合成海水混合，把圆柱形的试验钢棒全部浸入其中，在60℃下搅拌24h后，观察试验钢棒锈蚀的痕迹和锈蚀的程度。

（12）泡沫特性

在高速齿轮、大容积泵送和飞溅润滑系统中，润滑油生成泡沫的倾向是一个非常严重的问题，可以引发润滑不良、气穴现象和润滑剂的溢流损失，导致机械故障。

（13）Timken机试验

极压性能试验是考察齿轮油负荷能力的重要试验项目。试验方法有四球机试验法、梯姆肯（Timken）试验机法、FZG齿轮试验机法、爱斯爱意（SAE）试验机法、法莱克斯（Falex）试验机法和阿尔门（Almen）试验机法。

（14）四球机试验

四球机试验是评价润滑油承载能力的指标，包括最大无卡咬负荷、烧结负荷、综合磨损指数、磨斑直径等。

（15）油泥析出试验

油泥可以表征油品的老化程度。其原理是利用油泥在溶剂（正庚烷）和老化油中的溶解度不同，来判断油中是否有油泥析出，进一步判断油品是否有老化现象。

2. 光谱元素分析技术

目前，电感耦合等离子发射光谱法是应用最广泛的光谱元素分析技术之一。它是将电感耦合等离子体（ICP）作为激发光谱的分析方法，也是光谱分析研究最为深入、最有效的分析手段之一。

（1）原理

发射光谱分析法是指通过分析物质发射光谱的波长和强度来进行定性和定量的分析方法。它是因物质的原子、离子或分子通过电致激发、热致激发或光致激发等激发过程获得能量，变为激发态原子或分子，再由较高能态的激发态向较低能态或基态跃迁而产生的光谱。电感耦合等离子发射光谱是利用原子发射光谱特征谱线及强度提供的信息进行元素分析和含量分析，具有多元素同时、快速、直接测定的优点，在润滑油品监测中发挥着重要的作用，也是不可或缺的分析手段。

（2）等离子体

等离子体（plasma）是由部分电子被剥夺后的原子及原子团被电离后产生的正负离子组成的离子化气体状物质，广泛存在于宇宙中，常被视为物质的第四态，被称为等离子态，或者超气态气也称"电浆体"。等离子体是由克鲁克斯在1879年发现的，1928年美国科学家欧文·朗缪尔和汤克斯（Tonks）首次将"等离子体"（plasma）一词引入物理学，用来描述气体放电管里的物质形态。

物质由分子构成，分子由原子构成，原子由带正电的原子核和带负电的核外电子组成。当物质被加热到足够高的温度时，外层电子摆脱原子核的束缚电离为自由电子，这时物质就变成了由带正电的原子核和带负电的电子组成的一团均匀的"糨糊"，因此人们戏称它为离子浆，这些离子浆中正负电荷总量相等，近似电中性的，所以称为等离子体。等离子分为高温等离子体和低温等离子体。

电感耦合等离子体发射光谱分析是以射频发生器提供的高频能量加到感应耦合线圈上，并将等离子炬管置于该线圈中心，因而在炬管中产生高频电磁场，用微电火花引燃，使通入炬管中的氩气电离，产生电子和离子而导电，导电的气体受高频电磁场作用，形成与耦合线圈同心的涡流区，强大的电流产生的高热，从而形成火炬形状的并可以自持的等离子体，由于高频电流的趋肤效应及内管载气的作用，使等离子体呈环状结构。

3. 铁谱分析技术

铁谱分析技术是20世纪70年代开始发展起来的油液监测与分析技术。它是利用高梯度强磁场和重力场的作用，从油样中分离出磨粒颗粒，并借助其他仪器分析磨粒的形状、大小、数量、成分等特征，从而对机械设备的运转状况、关键零部件的磨损状态进行分析判断。铁谱分析技术主要包括三步：一是制样过程，即铁谱片的制作、磨粒图像获取；二是磨粒的识别，即磨粒图像处理、特征提取；三是基于磨粒特征的机器状态判断分析和故障诊断。

根据分离和检测磨粒的方法不同，常用的铁谱仪可分为分析式铁谱仪和直读式铁谱仪。分析式铁谱仪是在高梯度磁力和重力联合作用下将油样中的磨粒按尺寸大小有序沉积在玻璃基片上，制成铁谱片，然后利用铁谱显微镜等分析仪器对磨粒进行定性、定量分析的设备。直读式铁谱仪是在重力和磁力的作用下将磨粒有序沉积在沉积管内，利用光电转换原理，分析出油样品中大磨粒浓度和小磨粒浓度的 DL（大磨粒光密度值）和 DS（小磨粒光密度）值，从而建立机械设备磨损趋势曲线，判断设备磨损变化的进程和磨损趋势。

铁谱分析技术主要采用人工方法对铁谱图片进行分析，判断设备或系统的状态，但是由于磨粒产生的复杂性、随机性等原因，对专业分析人员提出了更高的要求。近几年，美国斯派超公司开发出了智能磨粒分析仪，集颗粒计数、磨粒智能分类、铁磁性颗粒浓度及数量功能于一体的设备，可进行多参数检测，并实现了磨粒形貌智能识别功能。

三、风电机组主要部件的润滑要求

双馈式风力发电机采用的是交流励磁电机，由于这种电机的发电转速比风机风轮的转速要高很多，二者转速不匹配，所以这种技术的风力发电机上都需要配备增速齿轮箱。双馈式风机润滑部位包括齿轮箱、液压刹车系统、叶片轴承、主轴承、发电机轴承、偏航系统轴承、偏航齿轮等。

（一）增速齿轮箱

齿轮箱是双馈式风力发电机的主要润滑部位，用油量占风力发电机用油量的 3/4 左右。齿轮箱可以将很低的风轮转速（600kW 的风力发电机通常为 27r/min）变为很高的发电机转速（通常 1500r/min），多采用油池飞溅式润滑或压力强制循环润滑。

由于风力发电机多安装在偏远、空旷、多风地区，如我国的新疆、内蒙古及沿海等地区，增速齿轮箱的工作环境温度变化大，沿海湿度大，加上较大的扭力负荷及负荷不恒定性，同时风场一般处于相对偏远的地区，维修不便，因此要求风机齿轮油具有良好的极压抗磨性能、热氧化安定性、水解安定性、抗乳化性能、黏温性能、低温流动性能以及较长的使用寿命，还应具有较低的摩擦系数以降低齿轮传动中的功率损耗。

（二）发电机轴承及主轴承

发电机轴承的工作特点为相对高速、轻载、高温，因此对润滑脂的性能要求多为在能够减少摩擦阻力、降低运转温度的同时，满足轴承运转的低噪声需求。由于电机的轴承再润滑困难，有时也选用合成型长寿命润滑产品。

根据主轴承结构布置上的差异，可分为用润滑油润滑和用润滑脂润滑。目前多采用润滑脂润滑，要求润滑脂具有良好的承载能力、黏度性能和防腐性能。风力发电机组夏日在旷野地带受太阳直射，机舱内的温度会很高，通常在 20℃ ~ 40℃，此时需考虑所选润滑脂的高温使用性能；纬度较高的地区，冬季机舱内的温度会低至 -30℃ 左右，此时需要考虑润滑脂的低温启动性能，用低温启动力矩测试性能来表示。

（三）偏航系统与变桨系统的轴承和齿轮

大型风力发电机常采用电动的偏航系统来调整机组并使其对准风向，使风轮扫掠面积总是垂直于主风向，以得到最高的风力利用率。偏航系统一般包括感应风向的风向标、偏航电机、偏航行星齿轮减速器、回转体大齿轮等。

偏航系统驱动电机速度不高，偏转轴承和齿轮承受的负荷较大，回转体大齿轮一般为开式结构，自身产生热量相对少，受湿气、灰尘、温度等环境因素影响大。主要润滑部位是开放式的回转体大齿轮，使用的润滑脂要求具有优良的极压抗磨性能、低温性能、黏附性能和防腐蚀性能。国外一般推荐使用含固体添加剂的低温润滑脂，要求在 -40℃ 以下仍能有效润滑。

偏航减速器的工作特点是间歇工作，启停较为频繁，传递扭矩较大，传动比高。多采用蜗轮蜗杆机构或多级行星减速机构。一般推荐低温性能好、黏温指数高、极压抗磨性能和抗氧化性能好的合成型齿轮油。部分大功率的风力发电机上配有变桨控制系统，它的润滑需求与偏航控制系统相似，油品选型要求也基本一致。

（四）液压刹车系统

当风速超快、振动过大、电机温度过高、刹车片磨损等故障时，通过变速传动机构中的液动制动装置的动作来实现紧急停机。可以看出安全液压制动系统在保证风力发电机组正常运行发电、防止事故发生、对风机起动和停机控制起着不可或缺的作用。刹车系统的动力来自液压制动系统，推动高速主轴上圆盘式刹车等执行动作，属于失效—安全保护模式。

风力发电机液压刹车系统采用全寿命油润滑，要求油品具有良好的黏温性能、防腐防锈性能及优异的低温性能、过滤性能，以适应高空寒冷或沿海地区的潮湿环境。目前普遍推荐低温抗凝、高黏度指数的低凝型抗磨液压油。

四、风电机组齿轮油选用与保养

（一）润滑油的选用

齿轮设备制造商在设备说明书或相关手册中规定了设备使用润滑油的品种牌号，目前，国内风电企业大多数选用牌号为 320 的壳牌、美孚、福斯等润滑油，也有少数企业选用嘉实多润滑油。润滑油的选择对设备运行安全、寿命长短至关重要。

1.润滑油黏度等级的选择

润滑油黏度的选择主要与齿轮节圆圆周速度和环境温度有关。齿轮节圆圆周速度低，可选择较高黏度等级的工业齿轮油；齿轮节圆圆周速度高，可选择较低黏度等级的齿轮油。当运行温度高时，要选用黏度等级高的工业齿轮油。

2.润滑方式的选择

润滑方式直接影响齿轮传动装置的润滑效果。

齿轮传动装置的润滑方式是根据节圆圆周速度来确定的。如果采用冷却装置和专用箱体等特殊措施，节线速度可超出标准规定值。

随着工业机械设备精密度、载荷提高以及使用温度要求的日益苛刻，传统矿物型齿轮油已不能满足现代工业设备的需求。另外，摩擦学研究进入一个新时代，润滑理论也得到了进一步发展，因此对于润滑油选用方法中的计算公式有很大的局限性。同时，润滑油中的各种添加剂对油品运行性能产生了重大影响，其中油性剂和极压抗磨剂赋予了润滑油更强大的功能性，主要体现在两点。一是化学吸附取代物理吸附。现代润滑油中加有的大量吸附剂大多数都是极性物质（极压抗磨剂一般都是含有氯、硫、磷等活性元素的有机化合物），能与金属表面通过化学键的形式形成化学吸附，不同于以往纯矿物油的物理吸附。化学吸附的吸附强度比物理吸附提高了 5 ～ 10 倍。二是反应膜取代了吸附膜，润滑油中的极压剂，能够在表面接触部分的局部高压、高温条件下分解出硫、磷、氯等活性物质，与金属反应生成抗压强度大、抗剪强度低的化学反应膜。运转过程中齿面的润滑状态由边界润滑逐渐过渡到混合润滑和部分弹流润滑。

（二）润滑油保养

润滑油在存放保管过程中，必须把不同种类和不同黏度等级的油分开，并应有明显的标志，油品不允许露天存放。同时，润滑油在贮运过程中要特别注意防止混入杂质和其他品种的油料。

润滑油在进厂时，尤其是重要设备和关键设备的用油，必须对油品的主要理化指标进行复检。

不同厂家生产的润滑油不宜混用。在特殊情况下，混用前必须进行小样混合试验。

润滑油在使用过程中，必须经常注意油质的变化，并定期抽取油样化验。

第六章　液压元件与系统设计

第一节　液压缸设计

一、概述

（一）设计原则

第一，保证液压缸的输出力（包括推力和拉力）、往返运动速度和行程满足要求。

第二，保证液压缸每个零件有足够的强度、刚度和耐用性（寿命）。

第三，在保证液压缸性能的前提下，尽量减小液压缸的外形尺寸，减少重量以及零件的数量，简化结构。

第四，合理选择液压缸的安装形式及活塞杆头部与外部负载的连接形式。

第五，密封部位的设计和密封件的选用应合理，保证性能可靠，泄漏少，摩擦小，寿命长，更换方便。

第六，根据液压缸的工作条件和要求，设置适当的缓冲、防尘和排气装置。

第七，液压缸各零件的结构形式和尺寸设计，应尽量采用标准形式和规范系列尺寸，尽量采用标准件。

（二）设计依据

液压缸是液压传动的执行元件，与主机工作机构直接相关，对于不同的机械设备及其工作机构，液压缸具有不同的用途和工作要求，因此设计之前，必须对整个液压系统进行工况分析，收集必需的原始资料并加以整理，作为设计依据。

第一，了解和掌握液压缸在机械上的用途和工作要求。满足机构的动作要求和用途，是设计液压缸的主要目的。

第二，理解液压缸的工作条件。工作条件不同，液压缸的结构和设计参数也不尽相同。

第三，了解外部鱼载情况。外部负载情况主要指外部负载的质量、几何形状、空间体积大小、运动轨迹、摩擦阻力以及连接部位的连接形式等。

第四，了解液压缸的运动状态及安装约束条件。其包括液压缸的最大行程、运动速度或时间、安装空间所允许的外形尺寸及液压缸的运动形式。

第五，了解液压系统工况。设计已知液压系统的液压缸，应了解液压泵的工作压力和流量的大小、管路的通径和布置情况、各液压阀的安装和控制情况等。

（三）设计步骤

不同类型、用途和结构的液压缸，设计内容各不相同。由于各参数间具有内在联系，因此液压缸的设计步骤没有统一的规定或格式。一般应根据已确定的工作条件和掌握的设计资料，选择设计程序和步骤，反复推敲和计算，直到获得满意的设计结果。

二、液压缸参数计算

（一）液压缸主要参数

液压缸的主要参数包括液压缸的工作压力、液压缸缸筒内径、活塞杆直径以及行程等。

1. 液压缸工作压力的确定

液压缸的工作压力是指作用在活塞上克服最大工作负载所需的液体压力，可以根据负载的大小或液压设备的类型来确定，设计时可参考表 1-2 或表 1-3 来选取。

2. 执行元件背压估算

液压缸的回油阻力主要由油液流经管道和阀口克服阻力产生的背压以及为使液压缸运动稳定而人为施加的背压组成。初步设计时，可参考表 1-4 选取。

（二）缸筒的计算

1. 液压缸内径计算

计算液压缸内径和活塞杆直径均与设备的类型有关。对于动力较大的机床一定要满足牵引力的要求，计算时以牵引力为主；对于轻载高速的机床一定要满足速度要求，计算时以速度为主。

（1）根据负载和工作压力计算，即

$$D = \sqrt{\frac{4F}{\pi p \eta_{\mathrm{m}}}} \qquad (6\text{-}1)$$

式中，D 为液压缸内径（m）；F 为液压缸推力（N）；p 为液压缸工作压力（Pa）；η_{m} 为液压缸机械效率，一般取 $\eta_{\mathrm{m}} = 0.95$。

（2）根据执行机构的速度和选定的液压泵流量计算，即

$$D = \sqrt{\frac{4q}{\pi v}} \qquad (6\text{-}2)$$

式中，q 为进入或流出液压缸的流量（m³/s）；v 为液压缸输出速度（m/s）。

2. 缸筒壁厚计算

$$\delta \geqslant \frac{p_y D}{2[\sigma]} \tag{6-3}$$

式中，δ 为缸筒壁厚（m）；p_y 为缸筒试验压力（Pa），一般取最大工作压力的 1.25 ~ 1.5 倍；D 为缸筒内径（m）；[σ] 为缸筒材料的许用应力（Pa）。

（三）活塞杆的计算

1. 活塞杆直径计算

$$d = D\sqrt{\frac{\varphi - 1}{\varphi}} \tag{6-4}$$

式中，d 为活塞杆直径（m）；φ 为速比。或

$$d = \left(\frac{1}{3} \sim \frac{1}{5}\right)D$$

2. 活塞杆强度计算

$$d \geqslant \sqrt{\frac{4F}{\pi[\sigma]}} \tag{6-5}$$

式中，F 为活塞杆最大推力（或拉力）（N）；[σ] 为活塞杆材料的许用应力（Pa）。

3. 活塞杆稳定性计算

活塞杆全部伸出后，活塞杆外端到液压缸支撑点之间的距离（即活塞杆计算长度 $l > 10d$ 时，应进行稳定性校核。根据材料力学理论，稳定条件为

$$F \leqslant \frac{F_k}{n_k} \tag{6-6}$$

式中，F 为液压缸最大推力（N）；F_k 为液压缸的临界受压载荷（N）；n_k 为稳定性安全系数，$n_k = 2 \sim 4$。

当活塞杆的细长比 $l / r_k > m\sqrt{n}$ 时，有

$$F_k = \frac{n\pi^2 EJ}{l^2}$$

当活塞杆的细长比 $l / r_k \leqslant m\sqrt{n}$ 时，有

$$F_k = \frac{fA}{1 + \frac{a}{n}\left(\frac{l}{r_k}\right)^2}$$

式中，l 为活塞杆计算长度（m）；r_k 为活塞杆横截面最小回转半径（m），

$r_k = \sqrt{J/A}$，实心杆 $r_k = d/4$，d 为活塞杆直径（m）；空心杆 $r_k = \frac{\sqrt{d^2 + d_1^2}}{4}$，

d_1 为空心杆内径；J 为活塞杆横截面转动惯量（m⁴），实心杆 $J = \frac{\pi d^4}{64}$，空心杆

$J = \frac{\pi\left(d^4 - d_1^4\right)}{64}$；A 为活塞杆横截面积（m²）；n 为液压缸端点安装形式系数；m 为柔

性系数；E 为活塞杆材料的弹性模量（Pa），钢材的 $E = 2.1 \times 10^{11} \text{Pa}$；$f$ 为由材料强度

决定的实验值（Pa）；a 为系数。

（四）液压缸缸体长度

液压缸缸体内部长度应等于活塞行程与活塞宽度之和，缸体外形长度还要考虑到两端
盖的厚度。一般液压缸缸体长度不应大于内径的 20 ~ 30 倍。

（五）最小导向长度

当活塞杆全部外伸时，从活塞支承面中点到导向套滑动面中点的距离称为最小导向长
度，记作 H，见图 6-1。若导向长度过短，将使液压缸因间隙引起的初始挠度增大，影响
液压缸的工作性能和稳定性。对于一般液压缸，最小导向长度应满足下式要求，即

$$H \geqslant \frac{L}{20} + \frac{D}{2} \tag{6-7}$$

式中，H 为最小导向长度（m）；L 为液压缸最大工作行程（m）；D 为缸筒内径（m）。

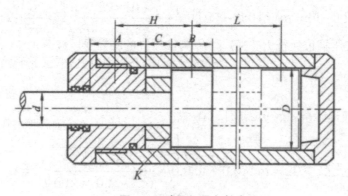

图 6-1　液压缸导向长度

一般活塞宽度 B=（0.6 ~ 1.0）；当 D < 80 mm 时，取导向套滑动面的长度 A=（6 ~ 1.0）D；当 D > 80 mm 时，取 A=（0.6 ~ 1.0）D。若导向长度不足时，不应过分增大 A 和 B，可在导向套与活塞之间安装隔套，隔套长度 C 由最小导向长度 H 决定，即

$$H = C + \frac{1}{2}(A + B) \tag{6-8}$$

（六）油口

液压缸进、出口螺纹连接油口尺寸系列，见表6-1。对于单活塞杆液压缸，国际化组织（ISO）已制定油口安装尺寸，见表6-2。

表 6-1　液压缸螺纹连接油口尺寸系列（mm）

M5X0.8	M8X1	M10X1	M12X1.5	M14X1.5
M16X1.5	M18X1.5	M20X1.5	M22X1.5	M27X2
M33X2	M42X2	M50X2	M60X2	

注：螺纹精度为 6H。

表 6-2　16MPa 小型系列单杆活塞缸油口（mm）

缸筒内径（Z）	进、出油口 EC	缸筒内径（Z）	进、出油口 EC
25	M14X1.5	80	M27X2
32	M14X1.5	100	M27X2
40	M18X1.5	125	M27X2
50	M22X1.5	160	M33X2
63	M22X1.5	200	M42X2

（七）缸盖的计算

单活塞杆液压缸中，活塞杆通过的缸盖称为端盖，无活塞杆通过的缸盖称为缸底或缸头。

1. 端盖厚度 h

$$h = \sqrt{\frac{3p(D_1 - d_{cp})}{\pi d_{cp}[\sigma]}} \tag{6-9}$$

式中，D_1 为螺钉孔分布直径（m）；p 为液体压力（Pa）；d_{cp} 为密封环形端面平均直径（m）；$[\sigma]$ 为材料的许用应力（Pa）。

2. 缸底厚度 t

一般液压缸多为平底缸底，其有效厚度按下式计算，即

无孔时

$$t \geqslant 0.433 D_2 \sqrt{\frac{p_y}{[\sigma]}} \tag{6-10}$$

有孔时

$$t \geqslant 0.433 D_2 \sqrt{\frac{p_y}{[\sigma]}} \tag{6-11}$$

式中，D_2 为缸底止口内径（m）；d_0 为缸底孔的直径（m）；p_y 为试验压力（Pa）；$[\sigma]$ 为缸底材料的许用应力（Pa）。

三、液压缸主要零件的结构设计

（一）缸筒的设计

缸筒是液压缸的主要零件，有时还是液压缸的直接做功部件（活塞杆或柱塞固定时），它与端盖、活塞（柱塞）构成密封容腔，用以容纳压力油液，驱动负载而做功，因此对其在强度、刚度、密封等方面有以下要求：

第一，要有足够大的强度，在长期承受额定工作压力和短期动态实验压力下，不产生永久变形。

第二，要有足够大的刚度，能承受活塞侧向力和安装时的反作用力，不产生弯曲。

第三，密封可靠。缸筒内表面与活塞密封组件、支承环处的尺寸公差等级，形位公差精度设计要合理，既要保证可靠的密封要求，又要减小磨损。

第四，需要焊接的缸筒要有良好的可焊性，以便在焊接法兰、缸底或接头后，不产生裂纹或过大的变形。

以上要求依靠适当选择缸筒的材料和设计制造时的合理工艺要求来保证。

（二）活塞的设计

活塞在液压力的作用下沿缸筒往复滑动，它与缸筒的配合应适当。配合过紧，使最低启动压力增大，降低机械效率，损坏缸筒和活塞配合表面；过松，会引起液压缸内部泄漏，降低容积效率。

（三）导向会的结构

导向套有普通导向套、可拆导向套、球面导向套和静压导向套等，可按工作情况适当选择。

（四）缓冲装置的设计

液压缸带动工作部件运动时，因运动部件的质量较大，运动速度较高，在到达行程终点时，会产生液压冲击，甚至使活塞与缸筒端盖之间产生机械碰撞。缓冲装置可以防止和减少液压缸活塞及活塞杆等运动部件在运动时对缸底或端盖的冲击，在它们的行程终端能实现减速。

当液压缸中活塞运动速度小于 6m/min 时，一般不设缓冲装置，当活塞运动速度大于12m/min 时，必须设置缓冲装置。

液压缸的缓冲装置是利用缝隙式薄壁型小孔对油液的节流作用进行工作的，可分为恒节流型和变节流型。

（五）排气装置

液压系统在安装过程中或停止一段时间后，会有空气混入系统。由于气体具有较大的可压缩性，会产生气穴现象，使液压缸和液压系统在工作过程中产生颤振和爬行，影响正常工作，因此液压缸需要设置排气装置。常用的排气装置为排气塞（排气阀）。

（六）密封防尘件选用

液压缸的密封装置用以防止油液泄漏，液压缸的密封主要指活塞、活塞杆处的动密封和缸盖等处的静密封。常用的密封件有 O 形、Y 形、V 形等密封圈。

防尘圈设置在活塞杆或柱塞密封外侧，用于防止外界空气灰尘、污垢与异物侵入液压缸，以防止液压油被污染导致元件磨损。

四、液压缸主要零件的材料和技术要求

（一）缸筒

缸筒常用 20、35、45 钢的无缝钢管，当缸筒上需要焊接缸底、耳环或管接头时，应采用焊接性能较好的 35 号钢管，粗加工后调质。一般情况下均采用 45 钢。缸壁较厚的缸筒，可采用铸件或锻钢，铸钢一般采用 ZG25、ZG35、ZG45 等，铸铁可采用HT200 ~ HT350。

缸筒的技术要求如下：

第一，内径用 H8 ~ H9 的配合。

第二，内径圆度、圆柱度不大于直径公差之半。

第三，内表面母线直线度在 500mm 长度上不大于 0.03mm。

第四，缸体端面对轴线的垂直度在直径每 100mm 上不大于 0.04mm。

第五，缸体与端盖采用螺纹连接时，螺纹采用 6H 级精度。

第六，液压缸内圆柱表面粗糙度为 $R_a 0.2 ~ 0.4 \mu m$。

（二）端盖

缸底的材料常用 35、45 钢。端盖材料一般用 35、45 钢锻件。当端盖兼作导向套时，应采用铸铁并在其工作表面堆焊青铜、黄铜或其他耐磨材料，导向套也可单独制成后压入缸盖内孔。端盖的技术要求如下：

第一，配合表面的圆度、圆柱度不大于直径公差之半。

第二，d_2,d_3 对 D 的同轴度不大于 0.03mm。

第三，端面 A、B 对孔轴线的垂直度在直径 100mm 上不大于 0.04mm。

第四，配合表面粗糙度为 $R_a 0.8 \sim 1.6 \mu m$。

（三）活塞

缸径较小的整体式活塞一般用 35、45 钢；其他常用耐磨铸铁、灰铸铁 HT300、HT350。活塞的技术要求如下：

第一，外径 D 的圆度、圆柱度不大于外径公差之半。

第二，外径 D 对内孔 d_1 的径向跳动不大于外径公差之半。

第三，端面 T 对轴线的垂直度在直径 100mm 上不大于 0.04mm。

第四，活塞外径用橡胶密封时可取 f7 ~ f9 配合，内孔和活塞的配合可取 H8。

第五，活塞外圆柱表面粗糙度为 $R_a 0.8 \sim 1.6 \mu m$。

第二节　液压集成块设计

一、设计步骤及设计原则

液压集成块（简称集成块）是具有内部孔道的长方体。

将液压阀安装在集成块的各面上，构成液压集成块装配体。一方面集成块起安装底板作用；另一方面利用集成块的内部孔道将若干元件连接在一起而构成液压系统的部分回路，省去连接用的管子。利用集成块装配连接的液压系统，结构紧凑、安装方便，降低了液压系统的外泄概率。同时，便于实现液压系统的集成化和标准化。

利用液压集成块组合液压系统具有以下特点：

第一，利用标准元件或标准参数的元件，可按典型动作将集成块构成标准回路，大大缩短了设计、制造周期。

第二，使基本回路和液压系统变化灵活。

第三，大大节省了管子和接头，结构紧凑，占地面积小。

第四，元件距离近，油道短，压力损失小，效率高。

第五，无管子引起的振动，泄漏小，系统稳定性好。

第六，安装、使用及维护方便。

第七，工艺性好，便于成批生产。

第八，利于通用化、系统化、标准化。

设计液压集成块的结构，需要根据液压系统的原理、连通关系及系统的空间要求确定集成块的尺寸、孔道的布置及结构。液压集成块的设计步骤如下：

第一，液压集成块孔道的通、断关系应符合液压原理图的连通要求是设计的首要原则。因此，首先应该掌握和理解液压原理图。

第二，准备安装在集成块上的各元件连接底板图形。

第三，布置元件。

第四，设计孔道。

第五，生成液压集成块零件图。

第六，生成液压集成块装配图。

液压集成块的设计原则如下：

第一，合理选择集成块的个数，若集成的液压阀太多，会使阀块的体积过大，设计、加工困难；集成的液压阀太少，集成的意义又不大。

第二，块内的油路孔道应尽量简单，尽量减少深孔、斜孔和工艺孔。集成块中的孔径要与通过的流量相匹配，特别要注意相贯通的孔必须有足够的通流面积。

第三，应注意进出油口的方向和位置，应与系统的总体布置及管道连接形式匹配，并考虑安装便利。

第四，要考虑有水平或垂直安装要求的元件，必须符合要求。需要调节的阀应放在便于操作的位置，需要经常检修的阀应安装在阀块的上方或外侧。

第五，要设计足够数量的测压点，以供集成块调试用。

第六，重量较大的集成块，应设置起吊螺钉孔。

二、集成块的设计要素

集成块的设计应明确要求。其设计要求可包括两方面：满足液压回路图连通要求和集成块上元件的空间布局要求。

（一）液压回路图的确定

集成块的液压回路图是整个液压系统的局部油路。在液压回路图中一般用点划线画出被集成的油路部分。集成块的设计必须符合整个液压系统的原理，确定哪一部分油路可以集成，考虑因素包括：

第一，集成块需集成的元件。集成块上集成的元件不仅是阀，也可以结合蓄能器、压力表、过滤器等。

第二，集成块上的元件数量应适中。集合太多的元件有可能导致集成块体积过大、过重，必须钻许多细长连通孔，给加工带来困难，大大提高了成本；相反，如果集成块上的元件较少，则会导致油路集成起不到应有的作用，从而造成资源的浪费。

综合以上多方面的因素，从整个液压系统的液压回路图中生成集成块的液压回路图，包括详细的元件表：阀的种类、型号、许用压力、许用流量、生产厂商、数量。

（二）集成块上液压元件的布置

在认真分析液压回路图的基础上，根据油口就近连通原则，应将有互通关系的阀安装在相邻的表面。因集成块多为六面体，一般先根据主机的总体布局，从方便布管及维修出发，确定进出油口的理想位置。例如，可以将进出油口布置在集成块的底面，其余五面均可布置液压阀。在布置阀的位置时，为减少工艺孔，缩短孔道，尽量保证阀的互通油口位于同一层，互不通的油道之间有足够的壁厚外，还必须考虑阀的上、下、左、右安装空间，保证阀与阀之间、阀与安装底板之间不得有相碰的情况。

在集成块安装布局中，各种液压元件尽可能紧凑、均匀地分布，既要方便安装，又要便于调试。为了便于操作，需要经常检修的阀应安装在集成块的上方或外侧。

（三）集成块的尺寸及材料

1. 集成块的尺寸及加工要求

集成块设计需根据安装在各个面的元件类型和尺寸来确定其长、宽和高的尺寸。在确保油道孔允许的最小壁厚的原则下，力求结构紧凑、体积小、重量轻。

集成块的机加工包括刨、钳工划线、钻孔、攻丝、精磨平面，去毛刺、清洗、装配等工艺过程。集成块的安装面要与液压元件连接，要保证不漏油。

各安装面应有形位公差要求：平面度应为 5 ~ 7 级，安装插装阀等芯式元件孔的安装面的垂直度应为 5 ~ 7 级。阀块上结合表面不能有划痕，要有去毛刺、清洗等技术要求。

2. 集成块的材料

液压集成块的材料可采用球墨铸铁、35 钢、45 钢或铝合金。低压固定设备多采用球墨铸铁，因为它的可加工性好，尤其对深孔加工有利。但铸铁块的厚度不宜过大，因随着厚度的增加，其内部组织疏松的倾向较大，在压力油的作用下易发生渗漏，故不适宜用于中、高压场合；承受中、高压的集成块，一般选 20 钢和 35 钢；承受高压强振的集成块宜选用 35 锻钢。在重量要求比较严的场合，压力不超过 6 MPa，可采用铝合金材料，如果压力高于 10 MPa，可以采用硬质铝合金。可在钢件表面进行镀铬、发黑等处理。

集成块所用毛坯不得有砂眼、夹层等缺陷，必要时应对其进行检测。铸铁块和较大的钢块在加工前应对其进行时效处理或退火处理，以消除内应力。

（四）集成块内部孔道的设计

1.孔道的类型

集成块内的油道孔包括与元件相连通的油道孔，公共进、回油孔，测压点，辅助油孔及固定元件的螺钉孔等，其用以联系各个控制元件，构成单元回路及液压控制系统。油液流经集成块体内油道孔的压力损失与油道孔的孔径、形状以及粗糙度有关。若油道孔径过小、拐弯多、内表面粗糙，压力损失就较大；油道孔径过大，压力损失虽可减小，但会造成块体外形增大。所以，设计集成块内油道孔时，应尽量缩短油道长度，减少拐弯，合理确定油道孔的通流截面积。一般先设计集成块的主油路，再设计小通径的油路和控制油路。

总结起来，在集成块孔道设计中，除了根据液压原理图的要求，钻有连通各阀的孔道外，还要包括公共油孔及工艺油孔。因此，集成块上的孔道形式包括以下几种：

第一，与阀相通的孔。集成块上与阀相通孔的孔径应与阀的孔径相同，位置尺寸应与阀的底板尺寸相同。

第二，公共油孔。一般在集成块的上面或下面，钻有公共进油孔 P，公用回油孔 T，泄漏油孔 L 和 4 个用以固定集成块的螺栓孔。其中：① P 孔，液压泵输出的压力油经调压后进入公用进油孔 P，作为供给各单元回路压力油的公用油源；② T 孔，各单元回路的回油均通到公用回油孔 T，流回到油箱；③ L 孔，各液压阀的泄漏油，统一通过公用泄漏油孔流回油箱。

因阀块多为六面体，进出油口一般布置在阀块底面，接通液压执行元件的油管一般布置在后面，其余四面或五面均可布置液压阀。

阀的安装位置要仔细考虑，使相通油孔尽量在同一水平面或是同一竖直面上。相邻面孔道相通及利用工艺孔实现孔道相通结构如图 2-4 所示。对于复杂的液压系统，需要多个集成块叠积时，一定要保证三个公用油孔的坐标相同，使之叠积起来后形成三个主通道。

第三，工艺油孔。元件之间需要通过内部孔道连通，如果无法直接连通则需要设置工艺孔，如内部交叉孔道可通过工艺孔进行连通。一旦油路构成后，必须将工艺孔进行封堵。通常采用以下三种方法进行封堵：①球胀堵头，多用于堵塞孔径小于 10 mm 的孔，要求有足够过盈；②焊接堵头，将焊接堵头周边连续均匀焊牢在要封堵的工艺孔处，多用于横孔靠近边壁的交叉孔的堵塞，直径小于 5 mm 的工艺孔可以不用堵头直接焊接；③螺纹堵头，可采用标准螺纹堵头，这种方法不但便于清洗集成块内部，而且需要时拧下螺纹堵头，改接压力表、传感器等，便于系统调试。

集成块上的油道孔一般应垂直于表面，有时为了避免孔道之间发生干涉，有时也需将孔道设计成斜孔。当然在可能的情况下孔的斜度应越小越好，数量也越少越好。但要注意：斜孔会加大断面的密封尺寸，要防止其与相邻孔串通。

如某液压集成块，将 P、T 油口布置在集成块下表面，连接执行件的油口 A、B 布置在集成块的后表面。考虑到系统使用维护的方便性，将过滤器安装在集成块的前表面，其余液压元件（包括伺服阀、压力传感器）统一布置在集成块上表面，测压点布置在除集成块下表面的其余面上。在集成块下表面设置四个安装螺纹孔，左右侧面设置起吊螺钉孔。

2. 孔径

各通油孔的内径要满足允许流速的要求，尽可能地减小流阻损失及考虑加工方便。

一般来说，与阀直接相通的孔径应等于所装阀的油孔通径。集成块内油道孔径的确定可按下式计算，即

$$d \geqslant 4.61\sqrt{\frac{q}{v}} \tag{6-12}$$

式中，d 为孔道直径（mm）；q 为孔道内可能流过的最大工作流量（L/min）；v 为孔道允许的液流最大工作速度（m/s）。

一般情况下，对于压力孔道，取 $v = 2.5 \sim 5\mathrm{m/s}$（系统压力高，管路短，油液黏度低时取大值；反之，取小值），吸油管道取 $v = 0.5 \sim 1.5\mathrm{m/s}$，对于回油孔道，$v = 1.5 \sim 2\mathrm{m/s}$。按照公式估算出的孔道直径应圆整至标准的通径值。

公共泄漏油孔的孔径一般由经验确定，当 $q \leqslant 25\mathrm{L/min}$ 时，可取 $\phi6$，当 $q \geqslant 63\mathrm{L/min}$ 时，可取 11。

3. 孔道的壁厚

液压集成块的孔道之间必须满足液压原理图所要求的通断关系，并且不通孔之间的距离要保证大于所规定的最小壁厚。孔道的壁厚校核方法为

$$\delta \geqslant \frac{pd}{2[\sigma]} \tag{6-13}$$

式中，δ 为孔道壁厚（mm）；p 为最大工作压力（MPa）；d 为孔道直径（mm）；$[\sigma]$ 为集成块材料的许用应力 (MPa)，$[\sigma] = \sigma_b / n$。σ_b 为集成块材料的抗拉强度 (MPa)，n 为安全系数。

为了防止由于加工偏差破坏孔壁，通常设计的孔道壁厚大于 5 mm。

（五）其他设计要素

集成块设计中还要考虑以下几个要素：

第一，液压集成块深孔要考虑加工可能性。集成块孔道为钻孔，钻深孔时钻头容易损坏，通常钻孔深度不宜超过孔径的 25 倍。

第二，液压集成块油口间的间距应注意管接头旋转空间。集成块油口应为内螺纹，而拧入的管接头为外六角。因此，设计者应留有接头旋转和扳手空间，应避免油口之间距离

太近而产生干涉。

第三，固定集成块的孔。集成块一般通过内六角螺栓安装固定在设备的面板上。因此，在集成块上面设计四个连接通孔。

三、集成块零件图的绘制

集成块零件图一般用六个视图表示，每个视图表示一个面的安装螺孔和油口的尺寸。

（一）主视图选择

主视图应选择为正常安装姿态且最能表示集成块外形的视图。

（二）孔道的表达

为表达集成块内部孔道的情况，便于查找和加工、检验，应在主要的三个视图上用虚线画出正确的孔道投影（以正确、清晰为原则，尽可能以最少的虚线画出）。对某些难以用虚线投影表达清楚的细节，可用剖面图画出，但原则上应尽量少用剖面图。

（三）孔道定位尺寸

所有孔道的定位尺寸均应标注在各自所在的视图上，且标注原则应从同一基准出发。以主视图的左下角为尺寸基准（坐标原点），标注阀安装螺孔的坐标尺寸，再以螺孔为基准标注与该阀连通其他孔口的位置尺寸，标注时应严格按照阀的安装底板尺寸图。一般安装螺孔之间的位置偏差为 ±0.1mm，油口的位置尺寸偏差为 ±0.2mm。

（四）孔道的编号

为了便于加工和检验，阀块上的所有孔道均应予以编号。编号由一位字母代号和两位数字序号组成。其中，首位字母代号表示孔道所在的视图表面，应与视图编号一致，即：A—主视图；B—左视图……依次类推。后两位数字序号为孔道顺序号，对各视图表面分别按从上到下，从左到右的顺序各自编号。

（五）孔道的形状尺寸

将孔道分为基孔和孔口结构两个部分，所有孔道的形状尺寸均可分为基孔尺寸及孔口结构尺寸，并以"孔道加工尺寸表"的形式标明该两部分尺寸。

不予编号的螺纹孔可不列入孔道加工尺寸表，应直接在相应视图上标注其加工尺寸。

（六）孔道加工尺寸表

孔道加工尺寸表应位于图样标题栏附近。

第三节　液压系统设计

一、液压系统设计过程

液压系统设计是整机设计的一部分，通常设计液压系统的步骤和内容大体如下。

（一）明确设计依据及进行工况分析

1.明确设计依据

开始设计液压系统时，首先要对机械设备主机的工况进行详细分析，明确主机对液压系统提出的要求，具体包括：

第一，主机的用途、主要结构、布置方式、空间位置。

第二，执行元件的运动方式（直线运动、转动或摆动），动作循环及其范围。

第三，外界负载的大小、性质及变化范围，执行元件的速度及其变化范围。

第四，各液压执行元件动作之间的顺序、转换和互锁要求。

第五，对工作性能的要求，如速度的平稳性、工作的可靠性、转换精度、停留时间等方面的要求。

第六，液压系统的工作环境，如温度及其变化范围、湿度、振动、冲击、污染、腐蚀或易燃等（这涉及液压元件和介质的选用）。

第七，其他要求，如液压装置的重量、外形尺寸、经济性等方面的规定或限制。

对于动作循环较复杂的执行元件或相互协作关系较复杂的几个执行元件，应绘出完整的运动周期表，以使设计要求一目了然。

2.工况分析

工况分析就是分析液压执行元件在工作过程中速度和负载的变化规律。对于动作复杂的机械设备，根据工艺要求，将各执行元件在工作循环中各动作阶段所要克服的负载，用负载 - 时间（F-t）或负载 - 位移（F-1）曲线表示，称为负载图；将各执行元件在工作循环中各动作阶段的速度，用速度 - 时间（v-t）或速度 - 位移（v-l）曲线表示，称为速度图。从这两图中可明显看出最大负载和最大速度值以及二者所在的工况。这是确定系统的性能参数和执行元件结构参数（结构尺寸）的主要依据。

（二）初步拟定液压系统原理图

初步拟定液压系统原理图是整个液压系统设计中重要的一步，它涉及所设计系统的性能和设计方案的经济性、合理性。一般方法是根据动作和性能要求先分别选择并拟定液压基本回路，然后将各个基本回路组合成一个完整的液压系统。

1. 液压基本回路的选择

选择液压基本回路是根据主机工作情况对液压系统提出的运动、动力和性能要求来进行的。选择回路时既要考虑调速、调压、换向、顺序动作等要求，也要考虑节省能源、减少发热、减少冲击、保证动作精度等问题。

在液压系统中，尤其是机床液压系统中，调速回路是系统的核心。系统的循环方式、油源的结构形成甚至其他回路的选择都受到调速方式的影响，为此必须对调速回路多加推敲。

选择回路时可能有多种方案，除了反复对比外，还应多参考或吸收同类型液压系统中回路选择的成熟经验。

2. 液压系统的合成

满足系统要求的各个液压基本回路选定后，就可以进行液压系统的合成，即将各基本回路放在一起，进行归并、整理，必要时再增加一些元件和辅助油路，使之成为完整的液压系统。进行这项工作时，还需注意以下几点：

第一，最后综合出来的液压系统应保证其工作循环中的每个动作都安全可靠，互相无干扰。

第二，尽可能省去不必要的元件，以简化系统结构。

第三，尽可能提高系统效率，防止系统过热。

第四，尽可能使系统经济合理，便于维修检测。

第五，尽可能采用标准元件，减少自行设计的专用件。

（三）初步确定液压系统参数

液压系统的主要性能参数，是指液压执行元件的工作压力 p 和最大流量 q。二者是计算和选择液压元件、辅助元件、电机，进行液压系统设计的主要依据。

通常是先确定工作压力 p，再按最大负载和预估的执行元件机械效率求出 A 或 V，经过必要的验算和圆整后取得其结构参数，最后再算出最大流量 q_{max}。确定 A 或 V 要按最低工作速度（v_{min} 和$_{min}$）要求进行验算，即

对于液压缸

$$A \geqslant \frac{q_{min}}{v_{min}} \tag{6-14}$$

对于液压马达

$$V \geqslant \frac{q_{min}}{n_{min}} \tag{6-15}$$

式中，q_{min} 为流量阀的最小稳定流量；v_{min} 为液压缸的最低工作速度；n_{min} 为液压马达的最低转速。

若验算不能满足要求，A 或 V 的值就必须进行修改。这些结构参数最后还必须调整成标准值。

执行元件结构参数确定后，根据负载图和速度图，可以计算出整个工作循环中各阶段实际工作压力、流量和功率。工况图直观显示了执行元件在工作循环中压力、流量和功率的变化规律及最大压力、最大流量和最大功率的数值，它是选择液压泵和液压阀的类型、规格以及液压泵驱动电机功率的重要依据。工况图也是对所选液压系统回路进行方案对比和修改的依据。

（四）液压元件的计算和选择

1. 液压泵和电机

（1）计算液压泵的工作压力

液压泵的工作压力 p_p 必须等于（或大于）执行元件最大工作压力 p_1 及同一工况下进油路上总压力损失 $\sum \Delta p_1$ 之和，即

$$p_p \geqslant p_1 + \sum \Delta p_1 \qquad （6\text{-}16）$$

式中，p_1 可以从工况图中找到；$\sum \Delta p_1$ 按经验资料估计，一般节流调速和管路较简单的系统取 $\sum \Delta p_1 = 0.2 \sim 0.5 MPa$，进油路上有调速阀或管路复杂的系统取 $\sum \Delta p_1 = 0.5 \sim 1.5 MPa$。

（2）计算液压泵的流量

液压泵的流量 q 必须等于（或大于）执行元件工况图上总流量的最大值 $\left(\sum q_i\right)_{max}$ max 和回路泄漏量之和。$\sum q_i$ 为同时工作的执行元件流量之和；q_i 为工作循环中某一执行元件在第 i 个动作阶段所需流量。若回路的泄漏折算系数为 $K(K = 1.1 \sim 1.3)$，则

$$q_p \geqslant K \left(\sum q_i\right)_{max} \qquad （6\text{-}17）$$

对于节流调速系统，若最大流量点处于调速状态，则在泵的供油量中还要增加溢流阀的最小（稳定）溢流量（3L/min）。

如果采用蓄能器储存压力油，泵的流量按一个工作循环中执行元件的平均流量估算。

（3）选择液压泵规格

在参照产品样本选取液压泵时，泵的额定压力应选得比上述最大工作压力高

25% ～ 60%，以便留有压力储备；额定流量则只需满足上述最大流量需要即可。

（4）电机功率

驱动电机功率 p_p 按工况图中执行元件最大功率 P_{max} 所在工况计算。若 P_{max} 所在的工况的工作压力和流量分别为 p_{pi}、q_{pi}，泵的总效率为 η_p，则驱动电机的功率为 η_p，则驱动电机的功率为

$$P_p = \frac{p_{pi}q_{pi}}{\eta_p} \qquad （6\text{-}18）$$

对于泵的总效率 η_p，齿轮泵取 0.60 ～ 0.70；叶片泵取 0.60 ～ 0.75；柱塞泵取 0.80 ～ 0.85。泵的规格大时取大值；反之，取小值。变量泵取小值，定量泵取大值。当泵的工作压力只有其额定压力的 10% ～ 15% 时，泵的总效率将明显下降，有时只达 50%。变量泵流量为其公称流量的 1/4 或 1/3 以下时，其容积效率也明显下降，计算时应予以注意。

2. 控制元件

控制元件的规格是根据系统最高工作压力和通过该控制元件的最大实际流量从产品样本中选取的。一般要求所选控制元件的额定压力和额定流量大于系统的最高工作压力和通过该元件的最大实际流量，必要时通过该阀的最大实际流量可允许超过其额定流量，但最多不越过 20%，以避免压力损失过大，引起油液发热、噪声和其他性能恶化。对于流量阀，其最小稳定流量还应满足执行元件最低工作速度的要求。

（五）液压系统的性能验算

为了判断液压系统的设计质量，需要对系统某些技术性能进行验算，以便初步判断设计的质量或从几种方案中评选出最好的设计方案。由于影响系统性能的因素较复杂，只能采用一些简化公式，近似估算某些性能指标。如果设计中有经过生产实践考验的同类型系统供参考或有可靠的实验结果可以采用时，这项工作则可省略。液压系统性能验算的项目很多，常见的有系统压力损失验算和发热温升验算。

1. 系统压力损失验算

系统的元件规格和管道尺寸确定后，应先绘出管道的装配图，再进行压力损失验算。

系统总的压力损失 $\sum \Delta p$ 主要包括：油液流经管道总的沿程压力损失 $\sum \Delta p_L$、局部压力损失 $\sum \Delta p_\xi$ 和流经所有阀类元件的压力损失 $\sum \Delta p_v$，即

$$\sum \Delta p - \sum \Delta p_L + \sum \Delta p_\xi + \sum \Delta p_v \qquad （6\text{-}19）$$

沿程压力损失 Δp_L 和局部压力损失 Δp_ξ 可参考有关压力损失公式计算。

阀类元件的压力损失 Δp_v 可按下式近似求出，即

$$\Delta p_v = \Delta p_{vn}\left(\frac{q_v}{q_{vn}}\right)^2 \tag{6-20}$$

式中，Δp_{vn} 为液压阀在额定流量时的最大压力损失；q_v 为通过阀的实际流量；q_{vn} 为阀的额定流量。Δp_{vn}、q_{vn} 可以从产品目录或样本上查到。

计算系统压力损失时，由于不同工作阶段压力损失不同，应分开计算。回油路上的压力损失都折算到进油路上，便于确定系统的供油压力。如果计算所得的压力损失与计算液压元件时初步估计的压力损失相差太大，则应对设计进行必要的修改。

2. 系统发热温升验算

系统发热来源于系统内部的各种压力损失、容积损失和机械损失，这些损失转化为热能，使油液温度升高。油液温度升高会加速油液变质，黏度下降，泄漏增加；机器产生热变形，降低精度；液压元件中热膨胀系数不同的相对运动零件间隙变小甚至卡死。为了保证系统正常工作，油液温度必须控制在允许的范围内。

油液温升验算是计算系统的发热量和散热量，使热平衡后的温度在允许的范围内。

（1）系统发热功率 H_i

有

$$H_i = P_i - P_o \tag{6-21}$$

式中，P_i 为液压泵输入功率；　为液压执行元件输出功率。

如果已知液压系统的总效率 η_Σ，则系统发热功率 H_i 也可按下式计算，即

$$H_i = P_i\left(1 - \eta_\Sigma\right) \tag{6-22}$$

（2）系统散热功率 H_o

系统产生的热量主要由油箱散发，由于管道散热与吸热基本平衡，故可忽略不计。即

$$H_o = \alpha A \Delta t = \alpha A\left(t_1 - t_2\right) \tag{6-23}$$

式中，a 为油箱散热系数 $(W/m^2 \cdot {}^\circ C)$；A 为油箱散热面积（m^2）；t_1 为系统达到热平衡的温度（℃）；也为环境温度（℃）。

当系统产生的热量全部被油箱散热表面散发（即 $H_i = H_o$）时，系统达到热平衡。这时系统的温升值为

$$\Delta t = \frac{H_i}{\alpha A}$$ （6-24）

计算出的温升 Δt 加上环境温度，应不超过油液的最高允许温度。

（六）绘制系统工作图及编写技术文件

经过对液压系统性能的验算和必要的修改之后，便可绘制正式工作图，它包括绘制液压系统原理图、系统管路装配图和各种非标准件设计图。

正式液压系统原理图上要标明各液压元件的型号、规格以及压力的调整值，画出执行元件完成的工作循环图，列出相应电磁铁和压力继电器的动作顺序表，供系统调试用。

系统管路装配图是正式施工图，各种液压部件和元件在机器中的位置、固定方式、尺寸等应标示清楚。自行设计的非标准件，需绘出装配图和零件图。

编写的技术文件包括设计计算书、系统的工作原理和操作使用说明书等。设计计算书中还应对系统的某些性能进行必要的验算。

二、拟定液压系统原理图

选择液压基本回路，首先选择调速回路。该系统功率小，动力头运动速度低，工作负载变化小，可采用节流调速形式。为了增加运动平稳性，防止工件钻通时工作部件突然前冲，采用调速阀的出口节流调速回路。由于液压系统选用了节流调速的方式，系统中油液的循环必然是开式的。

在液压系统的工作循环内，快进和快退时，液压缸需要油源提供低压大流量，而工进时液压缸需要高压小流量油液，为节约能源，采用双泵供油系统。为了保证快进和快退速度相等，并减小液压泵流量规格，选用差动连接回路。

由于快进、工进之间的速度相差较大，为减少速度换接时产生液压冲击，采用行程阀控制的换接回路。回路中流量较小，系统工作压力也不高，故采用电磁换向阀的换向回路。

采用双泵供油回路，工进时，低压泵卸荷，高压泵工作并由溢流阀调定其出口压力。当换向阀处于中位时，高压泵功率损失不大，为使油路结构简单，不再采用卸荷回路。

机床钻孔和锪孔加工时，要求位置定位精度较高。另外，对于钻孔加工，为了保证"清根"，即工进结束，但尚未退回之前，应原位停留，在行程终点采用死挡铁停留的控制方式（即滑台碰上死挡铁后，系统压力升高，由压力继电器发出信号，操纵电磁铁动作，使电磁换向阀换向）。

三、液压元件的计算和选择

（一）计算液压泵工作压力

1. 小流量泵的工作压力 p_{p1}

小流量泵在快进、快退和工进时都向系统供油。在出口节流调速中，因进油路比较简单，故进油路压力损失 $\sum \Delta p_1 = 0.5 MPa$ ，则小流量泵的最高工作压力为

$$p_{p1} = p_1 + \sum \Delta p_1 = 2.75 + 0.5 = 3.25 \text{MPa}$$

2. 大流量泵的工作压力 p_{p2}

大流量泵只在快进、快退时供油。若此时取进油路上的压力损失 $\sum \Delta p_1 = 0.5 \text{MPa}$ ，则大流量泵的最高工作压力为

$$p_{p2} = p_1 + \sum \Delta p_1 = 1.67 + 0.5 = 2.17 \text{MPa}$$

（二）计算液压泵流量

液压缸需要的最大流量为 19.46 L/min，若取泄漏折算系数 K=1.2，则两泵的总流量为

$$q = 19.46 \times 1.2 = 23.35 L/\text{min}$$

因工进时的最大流量为 7.64L/min，考虑到溢流阀的最小稳定流量（3L/min），故小泵的流量最少应为 10.64L/min。

（三）确定管道尺寸

1. 压油管道

根据压油管推荐流速 $v \leqslant 2.5 \sim 5\text{m/s}$ ，由公式 $q = v\pi d^2 / 4$ ，有

$$d = 2\sqrt{\frac{q}{\pi v}} = 2\sqrt{\frac{29 \times 10^{-3}}{60 \times \pi(2.5 \sim 5)}} = 0.011 \sim 0.0157\text{m} = 11 \sim 15.7\text{mm}$$

按已选定的标准元件的接口尺寸，取 d =12mm。

2. 吸油管道

根据吸油管推荐流速 $v \leqslant 0.5 \sim 1.5\text{m/s}$ ，有

$$d = 2\sqrt{\frac{29 \times 10^{-3}}{60 \times \pi(0.5 \sim 1.5)}} = 0.020 \sim 0.035\text{m} = 20 \sim 35\text{mm}$$

取 d =25mm。

3. 回油管道

根据回油管推荐流速 $v \leqslant 1.5 \sim 2.5\text{m/s}$，有

$$d = 2\sqrt{\frac{58 \times 10^{-3}}{60 \times \pi(1.5 \sim 2.5)}} = 0.022 \sim 0.029\text{m} = 22 \sim 29\text{mm}$$

取 d =25mm。

以上三种管道皆为无缝钢管。

第七章　液压基本回路与调速系统

一台设备的液压系统不论复杂与否，都是由一些液压基本回路组成的。所谓基本回路，就是由一些液压元件组成的、完成特定功能的油路结构。例如，用来控制系统全局或局部压力的调压回路、减压回路或增压回路；用来调节执行组件（液压缸或液压马达）速度的调速回路；用来改变执行组件运动方向的换向回路等，这些都是液压系统中常见的基本回路。熟悉和掌握这些回路的构成、工作原理和性能，对于正确分析和合理设计液压系统是很重要的。

在液压系统中，调速回路性能往往对系统的整个性能起着决定性的作用，特别是对那些对执行组件的运动要求较高的液压系统（如机床液压系统等）。因此，调速回路在液压系统中占有突出的地位，其他基本回路都是围绕着调速回路来匹配的，本章的重点也是讨论调速回路的性能。

液压基本回路可分为压力控制回路、方向控制回路、调速回路、其他基本回路等。下面分别介绍各种液压基本回路。

第一节　压力控制回路

压力控制回路是利用压力控制阀来控制系统整体或局部压力的回路，主要有调压回路、卸荷回路、保压回路、减压回路、增压回路、平衡回路等。

一、调压回路

（一）单级调压回路

由溢流阀和定量泵组合在一起便构成了单级调压回路。

（二）多级调压回路

某些液压系统（如压力机、塑料注射机等）在工作过程中的不同阶段往往需要不同的压力，这时就应采用多级调压回路。

二、卸荷回路

在液压系统工作过程中，当执行组件暂时停止运动或在某段工作时间内需要保持很大作用力而运动速度极慢（甚至不动）时，若泵（定量泵）的全部流量或绝大部分流量能在零压（或很低的压力）下流回油箱，或泵（变量泵）能在维持原来的高压而流量为零（或接近为零）的情况下运转，则功率损失可为零或很小。将泵在很小功率输出下运转的状态称为液压泵的卸荷。前者（定量泵的情况）称为压力卸荷；后者（变量泵的情况）称为流量卸荷。采用卸荷回路可以实现液压泵卸荷，减小功率损耗，减少系统散发的热量，延长液压泵和电动机的使用寿命。下面介绍几种典型的卸荷回路。

（一）执行组件不需要保压的卸荷回路

1. 采用三位换向阀的卸荷回路

图 7-1 所示为采用具有 M 形中位机能换向阀的卸荷回路。这种方法比较简单，当换向阀处于中位时，泵卸荷。图 7-1（a）所示的卸荷回路适用于低压小流量的液压系统，图 7-1（b）所示的卸荷回路适用于高压大流量系统。为使泵在卸荷时（见图 7-1（b））仍能提供一定的控制油压（0.2 ~ 0.3MPa），可在泵的出口处（或回油路上）增设一单向阀（或背压阀），不过这将使泵的卸荷压力增大。

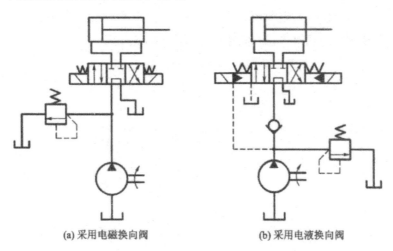

(a) 采用电磁换向阀　　　　　　　(b) 采用电液换向阀

图 7-1　采用三位换向阀的卸荷回路

2. 采用二位二通阀的卸荷回路

图 7-2 所示为采用二位二通阀的卸荷回路，图示位置为泵的卸荷状态。回路中阀 3 为安全阀，阀 2 的规格必须与泵 1 的额定流量相适用，因此这种卸荷方式不适用丁人流量的场合，通常用于泵的额定流量小于 63L/min 的系统。

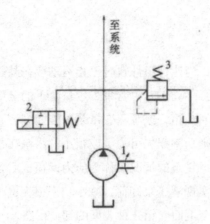

图 7-2　采用二位二通阀的卸荷回路

（二）执行组件需要保压的卸荷回路

1. 用蓄能器保压的卸荷回路

图 7-3 所示为用蓄能器保压的卸荷回路。当手动换向阀 4 在图 7-3 所示工作位置时，液压泵向蓄能器和液压缸供油，当系统压力达到卸荷阀（液控顺序阀）7 的调定值时，卸荷阀 7 动作，使溢流阀的遥控口接通油箱，则液压泵 1 卸荷。此后由蓄能器 5 来保持、液压缸 6 的压力，保压时间取决于系统的泄漏、蓄能器的容量等，为了减小泄漏，采用单向阀 3 来保压。当压力降低到一定数值时，卸荷阀 7 关闭，泵 1 继续向蓄能器和系统供油。这种回路适用于液压缸的活塞较长时间作用在对象上的系统。

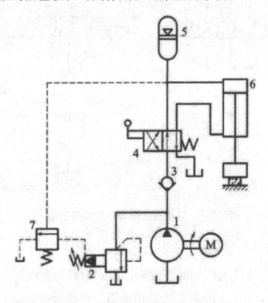

图 7-3　用蓄能器保压的卸荷回路

2. 用限压式变量泵保压的卸荷回路

图 7-4 所示为用于压力机（如塑料或橡胶制品压力机）上的，利用限压式变量泵 1 保

压的卸荷回路。这种回路是利用泵输出的油压来控制其输出流量的原理进行卸荷的。图7-4（a）所示是液压缸4上的压头（活塞杆）快速接近工件，以缩短辅助时间的过程，此时泵1的压力很低（低于预调压力），而输出流量最大。当压头接触到工件后（见图7-4（b）），工件变形的阻力使液压泵的工作压力迅速上升，当压力超过预调压力时，泵的流量自动减小，直到压力升到使泵的流量接近于零（这一极小的流量只用来补偿泵自身和回路的泄漏）为止。这时液压缸上腔的油压由限压式变量泵维持基本不变，即处于保压状态。泵本身则处于卸荷（流量卸荷）状态，压力机的压头以高压、静止（或移动速度极慢）的状态进行挤压工作。挤压完成后，操纵换向阀3，使压头快速退回。图7-4中2为溢流阀。

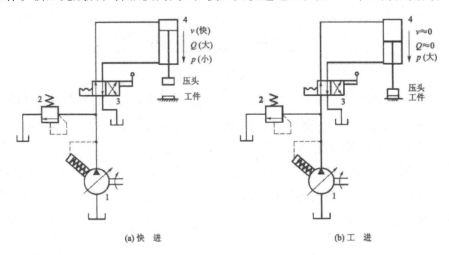

图7-4　用限压式变量泵保压的卸荷回路

这种卸荷回路的卸荷效果取决于泵的效率，若泵的效率较低，则卸荷时的功率损耗较大。

第二节　方向控制回路

方向控制回路的作用是利用各种方向阀来控制液压系统中液流的方向和通断，以使执行组件换向，启动或停止（包括锁紧）。

一、换向回路

换向回路是用来变换执行组件运动方向的。采用各种换向阀或改变变量泵的输油方向都可以使执行组件换向。其中，电磁阀动作快，但换向有冲击，且交流电磁阀又不宜做频繁切换；电液换向阀换向时较平稳，但仍不适于频繁切换；采用变量泵来换向，其性能一般较好，但构造较复杂。因此，对换向性能（如换向精度、换向平稳性和换向停留等）有一定要求的某些机械设备（如磨床）常采用机-液换向阀的换向回路。

二、锁紧回路

锁紧回路的作用是防止液压缸在停止运动时因外力的作用而发生位移或窜动。锁紧回路可用单向阀、液控单向阀或 O 形、M 形换向阀来实现。

换向阀锁紧回路，这种回路利用三位四通阀的 M 形（或 O 形）中位机能封闭液压两腔，使活塞能在其行程的任意位置上锁紧。由于滑阀式换向阀的泄漏，这种锁紧回路能保持执行组件锁紧的时间不长。

第三节　调速回路

调速回路用于工作过程中调节执行组件的运动速度，它对液压传动系统的性能好坏起决定性的作用，故在机床液压系统中占突出地位，往往是机床液压系统的核心部分。

调速系统应能满足如下基本要求：

第一，在规定的调节范围内能灵敏、平稳地实现无级调速，具有良好的调节特性。

第二，负载变化时，工作部件调定速度的变化要小（在容许范围内），即具有良好的速度刚性（或速度 - 负载特性）。

第三，效率高，发热少，具有良好的功率特性。

一般液压传动机械都需要调节执行组件的运动速度。目前在机床液压系统的调速回路中，主要有以下 3 种基本调速形式：①节流调速：采用定量供油，由流量控制阀调节进入执行组件的流量来调速；②容积调速：通过改变变量泵或变量马达的排量来实现调速；③容积节流调速：采用压力反馈式变量泵供油，配合流量控制阀进行节流来实现调速，又称联合调速。

就油路的循环形式而言，调速回路又有开式和闭式之分。开式回路是液压泵从油箱吸油，执行组件的回油直接通油箱。这种回路形式结构简单，油液在油箱中能得到较好冷却和沉淀杂质，但油箱尺寸大，油液与空气接触易使空气混入系统，致使运动不平稳，多用于系统功率不大的场合。闭式回路是指液压泵的排油腔与执行组件的进油管相连，执行组件的回油管直接与液压泵的吸油腔相通，两者形成封闭的环状回路。这种回路形式的油箱尺寸小，结构紧凑，并减少了空气混入系统的机会。为了补偿泄漏和液压泵吸油腔与执行组件排油腔的流量差以及使系统得到冷油补充，常采用一较小的辅助泵（压力为 $3 \times 10^5 \sim 10 \times 10^5 Pa$，流量为主泵的 10% ~ 15%）供油，使吸油路径常保持一定压力，减少空气侵入的可能性。这种回路冷却条件差，温升大，结构复杂，对过滤要求较高。

一、节流调速回路

节流调速回路由定量泵、溢流阀、流量控制阀和定量式执行组件等组成。节流调速回路根据所用流量控制阀的不同，有普通节流阀的节流调速回路和调速阀节流调速回路；根据流量控制阀在回路中的位置不同，又可分为进口节流、出口节流和旁路节流 3 种。

（一）采用普通节流阀的节流调速回路

1. 进口节流调速回路

（1）调速原理

图 7-5 所示为进口节流调速回路，普通节流阀装在执行组件的进油路上。定量泵输出的流量 Q_p 在溢流阀调定的供油压力 p_p 下，其中，一部分流量 Q_1 经节流阀后，压力降为 p_1，进入液压缸的左腔并作用于有效工作面积 A_1 上，克服负载 F_L，推动液压缸的活塞以速度 v 向右运动；另一部分流量 ΔQ 经溢流阀流回油箱。当不考虑摩擦力和回油压力（即 $p_2 = 0$）时，活塞的运动速度和受力方程分别为

$$v = \frac{Q_1}{A_1} \tag{7-1}$$

$$p_1 A_1 = F_L \tag{7-2}$$

若不考虑泄漏，由流量连续性原理可知，流量 Qi 即为节流阀的过油量。设节流阀前后压力差为联立式（7-1）、式（7-2）和节流阀流量公式 $Q_T = C_T A_T \left(\Delta p_T \right)^m$ 得

$$v = \frac{C_T A_T}{A_1} \left(p_p - \frac{F_L}{A_1} \right)^m \tag{7-3}$$

可见，当其他条件不变时，活塞的运动速度 v 与节流阀的过流断面积 A_T 成正比，故调节 A_T 就可调节液压缸的速度。

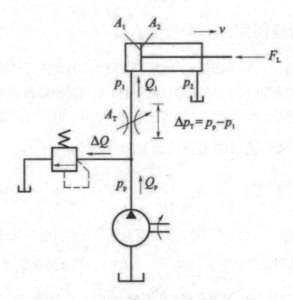

图 7-5　节流阀的进口节流调速回路

（2）性能特点

所谓速度 - 负载特性，就是指执行组件的速度随负载变化而变化的性能。这一性能是由速度 - 负载特性曲线来描述的。

在液压传动中，通过控制阀口的流量是按薄壁小孔流量公式计算的，因此令式（7-3）中的指数 m=1/2，则有

$$v = \frac{C_T A_T}{A_1^{\frac{3}{2}}} \left(A_1 p_p - F_L \right)^{\frac{1}{2}} \tag{7-4}$$

将式（7-4）按照不同的 A_T 作图，则得出一组速度 - 负载特性曲线。p_p 和 A_T 调定后，活塞的速度随负载加大而减小，当 $F_L = F_{Lmax} = p_p A_1$ 时，速度降为零，活塞停止不动；负载减小，活塞速度加大。通常，负载变化对速度的影响程度用速度刚度 k_v 来衡量，速度刚度的定义为

$$k_v = -\frac{\partial F_L}{\partial v} \tag{7-5}$$

即速度刚度是速度 - 负载特性曲线上某点切线斜率的倒数，斜率越小，速度刚度越大，已调定的速度受负载波动的影响就越小，速度稳定性就越好；反之亦然。

当承受负值负载（负载的作用方向和运动方向相同）时，由于回油没有背压力，活塞运动速度将失去控制。因此，进口节流调速回路不能承受负值负载。另外，当负载突然变小时，活塞因无背压将产生突然快进，即前冲现象，所以这种调速回路的运动平稳性差。

这种调速回路由于经节流阀后发热的油液直接进入液压缸，对液压缸泄漏的影响较大，

从而直接影响液压缸的容积效率和速度的稳定性。

2. 出口节流调速回路

出口节流调速回路是将节流阀串联在液压缸的回路上，借助节流阀控制液压缸的排油量 Q_2 实现速度调节。由于进入液压缸的流量 Q_1 受到回油路上排油量 Q_2 的限制，因此用节流阀来调节液压缸排量 Q_2 也就调节了进油量 Q_1。定量泵多余的油液经溢流阀流回油箱。

将出口节流调速回路作类似于进口节流调速回路的分析，可知二者在速度 - 负载特性、最大承载能力及功率特性等方面是相同的，适用的场合也相同。但选用时应注意这两种回路的以下差别：

第一，出口节流调速由于回油路上有背压，因此能承受负值负载，工作过程中运动也较平稳，而进口节流调速则要在回油路上加背压阀后才能承受负值负载。

第二，出口节流调速回路中经节流阀发热的油液直接流回油箱，因此不会对液压缸的泄漏、容积效率及稳定性产生影响。

第三，在出口节流调速回路中，若停车时间较长，液压缸回油腔中要漏掉部分油液，形成空隙。重新启动时，液压泵全部流量进入液压缸，使活塞以较快的速度前冲一段距离，直到消除回油腔中的空隙并形成背压为止。这种现象叫作"前冲"，它可能会造成机件损坏。但对于进口节流调速回路，只要在启动时关小节流阀，就能避免前冲。

（二）采用调速阀的节流调速回路

在节流阀调速回路中，负载的变化引起速度变化的原因在于负载变化引起节流阀两端的压力差变化，因而使通过节流阀的流量发生变化，造成执行组件的运动速度随之变化。要解决这一问题，必须使节流阀两端的压力差与负载的变化无关或关系很小。如果用调速阀代替回路中的节流阀，则由于调速阀两端的压差不受负载变化的影响，其过流量只取决于节流口过流断面积的大小，因而可以大大提高回路的速度刚度、改善速度的稳定性。这就是采用调速阀的节流调速回路。不过，这些性能上的改善是以加大整个流量控制阀的工作压差为代价的，调速阀的工作压差一般最少要 $5 \times 10^5 \mathrm{Pa}$，高压调速阀可达 $10 \times 10^5 \mathrm{Pa}$。

二、容积调速回路

容积调速回路是依靠改变泵和（或）液压马达的排量来实现调速的。这种调速回路没有节流组件和溢流量，因此仅有泵和马达的泄漏损失，没有节流损失和溢流损失，效率高，发热小，一般用于功率较大或对发热要求严格的系统。但变量泵与变量马达的结构比较复杂，并且回路中常常需要辅助泵来补油和散热，因而容积调速回路的成本较节流调速回路的成本稍高，这在一定程度上限制了容积调速回路的使用范围。

根据调节对象的不同，容积调速方法有 3 种：变量泵和定量执行组件（液压缸或定量液压马达）组成的容积调速回路；定量泵和变量液压马达组成的容积调速回路；变量泵和变量液压马达组成的容积调速回路。

（一）变量泵和定量执行组件组成的容积调速回路

如图 7-6 所示，依靠改变变量泵 1 的输出流量来调节液压缸 2 的运动速度。3 是安全阀，只在系统过载时才打开。对于图 7-6（b）所示的闭式回路，还可以采用双向变量泵来使液压缸换向，但由于液压缸二腔有效工作面积不可能完全相等以及液压缸外泄漏等，回路中还需及时对系统补油。图 7-6（b）中的 5 是补油箱，单向阀 4 的作用是防止停车时液压缸回油腔中的油液流回油箱。

在这种调速回路中，变量泵的流量是根据执行组件的运动速度要求来调节的，需要多少流量就供给多少流量，没有多余的流量从溢流阀溢走。但不考虑管路损失时，液压泵的供油压力等于执行组件的工作压力并由负载决定，随负载的增减而增减，系统的最大工作压力由安全阀调定。

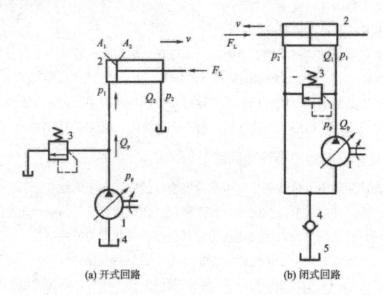

图 7-6　变量泵 – 液压缸容积调速回路

这种调速回路速度的稳定性主要受变量泵泄漏的影响，其泄漏量与工作压力成正比。若理论流量为 Q_{tp} 泄漏系数为 k_1，这种回路的活塞运动速度为（开式回路）

$$v = \frac{Q_1}{A_1} = \frac{Q_1}{A_1} = \frac{1}{A_1}\left[Q_{tp} - k_1\left(\frac{F_L}{A_1}\right)\right] \tag{7-6}$$

将式（7-6）按不同的 Q_{tp} 值作图，可得一组平行直线，即速度 - 负载特性曲线。由于泵有泄漏，活塞运动速度将随负载的增加而减小。当速度调得较低时，负载增至某值后活塞将停止运动。这时泵的理论流量全部用来弥补泄漏。这种调速回路的速度刚度为

$$k_v = A_1^2 / k_1 \tag{7-7}$$

其中，k_v 值不受负载影响；加大液压缸的有效工作面积，减小泵的泄漏，都可以提高回路的速度刚度。

这种调速回路的最大速度取决于泵的最大流量，而最低速度则可以调得很低（若没有泄漏，则最低速度可近似调到零），因此调速范围较大，一般可达 40。

（二）变量泵和定量液压马达组成的容积调速回路

因泵与马达均有泄漏，其泄漏量与系统工作压力成正比，因此负载变化将直接影响液压马达速度的稳定性，即痛负载转矩的增加，液压马达的转速略有下降。但减少泵和液压马达的泄漏量，增加液压马达的排量，都可以提高回路的速度刚度。这种调速回路的调速范围较大，如果采用高质量的柱塞变量泵，其调速范围可达 40，并可实现连续无级调速。

这种调速回路因无溢流损失和节流损失，所以回路效率较高，在行走机械、起重机及锻压设备等功率较大的液压系统中得到了广泛的应用。

三、容积节流调速回路

容积节流调速回路采用变量泵和节流阀（或调速阀）相配合进行调速，是容积式与节流式调速的联合，故称联合调速。液压泵的供油量与执行元件所需流量相适应，回路中没有溢流损失，故效率比节流调速方式的高；变量泵的泄漏由于压力反馈作用而得到补偿，进入执行元件的流量由调速阀控制，故速度稳定性比容积式调速的好。因此，在调速范围大、中等功率的机床液压系统中经常采用。

机床上常用的容积节流调速方法有：限压式变量泵和调速阀的联合调速、差压式变量泵和节流阀的联合调速。下面分别介绍这两种调速回路。

（一）限压式变量泵和调速阀的容积节流调速回路

这种调速回路如图 7-7（a）所示，调节调速阀 2 节流口过流面积，就调节了流经调速阀、进入油缸 4 的流量 Q_1，从而调节了液压缸的运动速度，阀 5 为背压阀。

设回路处于某一正常工作状态。如果不考虑变量泵 1 到调速阀 2 之间的泄漏，则由连续性原理可知，变量泵输出的流量 Q_p 应与调速阀的过流量 Q_1 相等，即调速阀的特性曲线 2 应与限压式变量泵的特性曲线相交于一点 c（见图 7-7（b））。c 点的横坐标 p_{cp} 即为变量泵的出口压力，亦即调速阀的入口压力；c 点的纵坐标 Q_1 既是调速阀的流量也是变量泵的输出流量，即 $Q_p = Q_1$。

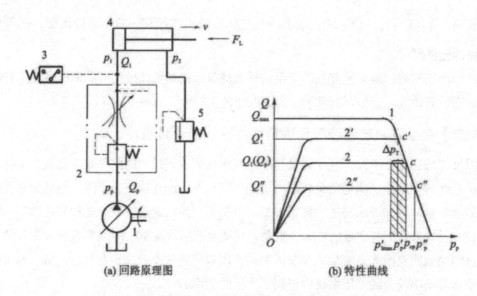

(a) 回路原理图　　　　**(b) 特性曲线**

图 7-7　限压式变量泵 – 调速阀联合调速回路及其特性曲线

为了保证调速阀正常工作所需的最小压力降 Δp_{tmin}（一般为 $5 \times 10^5 Pa$ 左右），限压式变量泵的供油压力应调节为 $p_p \geqslant p_1 + \Delta p_{tmin}$，系统的最大工作压力为 $p_{1max} \leqslant p_p - \Delta p_{tmin}$。同时，应使 P_0 大于快速移动时所需压力。这样便可保证当负载变化时，执行元件的工作速度不随负载变化。

如果系统需要采用死挡铁停留，则由压力继电器 3 发出信号时，变量泵的压力应调得更高一些，以保证压力继电器可靠工作。当然，变量泵的供油压力也不能调得过高，以免功耗过多，发热增加。这种回路中的调速阀可以装在进油路上，也可装在回油路上。这种回路的主要优点是，变量泵的压力和流量在工作进给和快速运动时能自动变换，能量损耗小，发热少，运动平稳性好；缺点是，变量泵的构造比定量泵的复杂，成本高。这种回路在重载条件下工作时效率较高，轻载条件下工作时效率较低，故不宜用于负载变化大且大部分时间在小负载下工作的场合。

（二）差压式变量泵和节流阀的容积节流调速回路

差压式（或称稳流式）变量泵的主要特点是，能自动补偿由负载变化引起的泵的泄漏量的增量，使泵输出的流量基本保持稳定。

泵的变量机构由定子两侧的控制缸 1 和 2 组成，配油盘上的油腔对称于垂直轴，定子的移动（偏心量的调节）依靠控制两腔的液压力之差与弹簧力的平衡来实现。当压力差增大时，偏心量减小，输油量减小；当压力差一定时，输油量亦一定。调节节流阀的开口量，即改变其两端压力差，就改变了泵的偏心量，调节其输油量，使之与通过节流阀进入液压缸的流量相适应。

第四节　快速运动回路

为了缩短辅助工作时间，提高生产效率，合理利用功率，机床上的空行程一般都希望做快速运动，故机床液压系统中常常同时设置工作行程时的调速回路和空行程时的快速运动回路，两者相互联系。快速运动回路的选择必须使调速回路工作时的能量损耗尽可能小。

实现快速运动的方法一般有 3 种：增大输入执行元件的流量、减小执行元件所需流量以及该两种方法联合使用。下面介绍几种常见的快速运动回路。

一、差动连接快速运动回路

当差动连接时，油缸右腔的回油 Q_2 经二位三通阀后与液压泵供给的油液 Q_1 一起进入液压缸左腔，相当于增大了供油量。此时，进油路上的某些管路与阀的通流量增大，其规格必须按差动时的流量选择，以免压力损失与功耗过大。

这种回路方法简单、经济，但由于差动时的推力减小，差动速度越大，执行元件输出的推力越小，故快速运动的速度不能太高。如果需要获得较大的运动速度，则常与双泵供油或限压式变量泵供油等方法联合使用。

二、采用辅助液压缸的快速运动回路

回路中共有 3 个液压缸，中间柱塞缸 3 为主缸，两侧直径较小的液压缸 2 为辅助缸。当电液换向阀 8 的右位起作用时，泵 1 的压力油经电液换向阀 8 进入辅助液压缸 2 的上腔（此时顺序阀 4 关闭），因辅助液压缸 2 的有效工作面积较小，故辅助液压缸 2 带动滑块 9 快速下行，辅助液压缸 2 下腔的回油经单向阀 7 流回油箱。与此同时，主缸 3 经液控单向阀 5（亦称充液阀）从油箱吸入补充液体。当滑块 9 触及工件后，系统压力上升，顺序阀 4 打开（同时关闭液控单向阀 5），压力油进入主缸 3，3 个液压缸同时进油，速度降低，滑块 9 转为慢速加压行程（工作行程）。当电液换向阀 8 处于左位时，压力油经电液换向阀 8 后，一路经单向阀 7 进入辅助液压缸下腔，使活塞带动滑块上移（而其上腔的回油则经电液换向阀 8 流回油箱）；另一路同时打开液控单向阀 5，使主缸的回油经液控单向阀 5 排回油箱 6。

三、采用蓄能器的快速运动回路

当液压缸 6 停止工作时，泵 1 经单向阀 2 向蓄能器 3 充液，使蓄能器存储能量。当蓄能器压力达到某一调定值时，卸荷阀 4 打开，使泵卸荷，单向阀 2 使蓄能器保压。当电磁换向阀 5 通电使左位或右位接通回路时，泵和蓄能器同时给液压缸供油，使活塞获得快窜运动。卸荷阀的调整压力应高于系统最高工作压力。

这种回路可以采用较小流量的液压泵，而在短时间内能获得较大的快速运动回路。但系统在整个工作循环内需要有足够的停歇时间，以使液压系统能完成对蓄能器的充液工作。

第八章　液压故障诊断技术概论

尽管新世纪液压传动面临着来自电传动（例如实现回转运动的伺服电机及实现直线运动的直线电机及电动缸等）的新竞争和节能环保的新挑战，但液压传动在力密度、构成、操控、响应、调速、过载保护及电液整合等方面所具有的显著优势。使其应用几乎无处不在，且可以预料液压传动技术将在当前及今后的人工智能、工业互联网、"互联网＋"先进制造业发展中，不但不会被取代，而且作为大负载机械设备的主要传动控制手段和关键基础技术之一，将在大口径球面射电望远镜（"天眼"）调节促动、高速高精度冷连轧厚控（AGC）、压力加工机械的电液伺服节能控制及工业机器人末端执行机构等高端机械装备的传动控制方面，仍将发挥不可替代的巨大作用。这也正向国内外流体传控领域的泰斗们所商言或断言的那样"对流体技术的未来毫不担心，它将继续发展。也许不像我们能够想象的那样，但它会找到新的路"；"由于流体特性及其应用领域的多样化及复杂性，流体传动与控制技术在未来有着无穷无尽的研究领域和无止境的应用范围"。

然而，液压技术在使用时也存在着许多问题：液压元件制造精度和使用要求高，造价高；油液的泄漏和空气的混入直接影响执行机构运转的平稳性和准确性；油液对清洁度和温度变化范围要求比较严格，有的液压伺服元件和系统要求油液清洁度达到$1\mu m$，油液一旦被污染，极易造成系统故障，例如污物一旦将两级电液伺服阀的喷嘴与挡板间的极小间隙（0.02～0.06mm）堵塞，会使可变液阻乃至整个伺服阀失效，再如液压泵及液压阀内部微小直径（0.7mm甚至更小）的阻尼孔被污物堵塞会使其失去应有作用导致整个元件失效。液压系统出现故障后，又难以准确快速地对故障点及其原因做出诊断并提出相应的解决方案或排除措施，从而直接影响液压机械设备的正常生产及施工作业，也在一定程度上影响了液压技术的声誉并制约了其推广应用。因为液压系统的故障既不像机械传动那样显而易见，又不如电气传动那样易于检测，所以欲使一套液压系统及其主机能正常、可靠地工作，必须满足诸多性能要求，例如对于液压传动系统主要是执行元件（液压缸和液压马达）的拖动功能及性能要求，包括推力（转矩）、行程、转向、速度（转速）及其调节范围等，对于液压控制系统主要是控制性能（稳定性、准确性及快速性）要求，此外液压系统还有效率、温升、噪声等性能要求。在实际运行过程中，液压系统若能完全满足这些要求，主机设备将正常、可靠地工作，如果不能完全满足这些要求，则认为液压系统出现了故障。

第一节　液压故障及其诊断的定义

液压系统在规定时间内、规定条件下丧失规定的功能或降低其液压功能的事件或现象称为液压故障，也称为失效。

液压系统出现故障后，不仅会造成液压执行机构某项或某几项技术及经济指标偏离正常值或正常状态，严重时还会造成主机损坏乃至操作者人身伤亡。例如不能动作，输出力或运动状态不稳定，输出力和运动速度不合要求，爬行，运动方向不正确，动作顺序错乱、突然失控滑落等，将影响正常作业及生产率。为使系统及主机恢复正常运转状态，液压系统出现故障必须及时诊断和排除。

液压故障诊断就是要对故障及其产生原因、部位、严重程度等逐一作出判断，是对液压系统健康状况的精密诊断，故实质就是一种给液压系统诊治疾病的技术。利用液压故障诊断技术，操作者及相关人员可以了解和掌握液压系统运行过程中的状态，进而确定其整体或局部是否正常，发现和判断故障原因、部位及其严重程度，对液压系统健康状况做出精密诊断，显然这种诊断需要由专业的操作维护人员和技术人员来实施。

第二节　液压故障诊断排除应具备的条件

液压系统的故障诊断是一项专业性及技术性极强的工作，能否准确及时，往往有赖于用户及相关人员的知识水平高低与经验多寡。做好故障诊断及排除工作通常应具备以下条件。

一、必备的理论知识

欲有效地排除液压系统故障，首先要掌握液压元件及系统的基本知识（例如液压工作介质及流体力学基础知识，泵、马达、缸、阀及过滤器等各类液压元件的构造与工作特性，常用液压基本回路和系统的组成及工作原理等）和常见液压故障诊断排除方法。因为分析液压系统故障时，必须从其基本工作原理出发，当分析其丧失工作能力或出现某种故障的原因是由于设计与制造缺陷带来的问题，还是因为安装与使用不当带来的问题时，只有懂得基本工作原理才有可能作出正确的判断。切忌在不明主机及系统结构原理时就凭主观想象判断故障所在或拆解液压系统及元件，否则故障排除就带有一定的盲目性。对于大型精密、昂贵的液压设备来说，错误的诊断必将造成维修费用高、停工时间长，从而导致降低生产率等经济损失。

二、较为丰富的实践经验

很多机械设备的液压系统故障属于突发性故障和磨损性故障，这些故障在液压系统运行的不同时期表现形式与规律互不相同。诊断与排除这些故障，不仅要有专业理论知识，还要有丰富的设计研发、制造安装、调试使用、维修保养方面的实践经验，而液压故障诊断排除实践经验的获取，来自对液压系统使用、维修及故障诊断排除工作的日积月累及学习总结。

三、了解和掌握主机结构功能及液压系统的工作原理

检查和排除液压系统故障最重要的一点是在了解和明确主机的工艺目的、功能布局（固定还是行走，卧式还是立式等）、工作机构（运动机构）数量、这些机构是全液压传动还是部分液压传动、液压系统中各执行元件与主机工作机构的连接关系（例如液压缸是缸筒还是活塞杆与工作机构连接）及其驱动方式（是直接驱动还是通过杠杆、链条、齿轮等间接驱动）等基础上，掌握液压系统的组成［油源形式（泵的数量、定量还是变量）、油路结构（串联、并联等）］及工作原理（压力控制、方向控制、流量控制、分流与合流、每种工况下的油液流动路线等）。系统中每一个元件都有其功用，同一元件置于不同系统或同一系统不同位置，其作用将有很大差别，因此应熟悉每一元件的结构及工作特性。此外还要了解系统的容量（性能指标的额定值）以及系统合理的工作压力。每一液压系统性能指标都有其额定值，例如额定速度、额定转矩或额定压力等，负载超过系统的额定值就会增加故障发生的可能性。

合理的工作压力是系统能充分发挥效能的压力，应低于元件或设备的最大额定值。要知道工作压力是否超过了元件的额定值，就要用压力检测仪器仪表检查压力值。

第三节　液压系统故障分类

液压系统故障最终主要表现在液压系统或其回路中的元件损坏，并伴随漏油、发热、振动、噪声等不良现象，导致系统不能发挥正常功能。

按发生时间分为：早期故障、中期故障和晚期故障。

按故障发生原因分为：自然故障和人为故障。

按表现形式分为：实际故障和潜在故障。

按液压故障特性分为：共性故障、个性故障和理性故障。

按存在时间分为：暂时性故障、间歇性故障和永久故障。

按严重程度分为：破坏性故障和非破坏性故障。

第四节　液压系统的故障特点及故障征兆

一、液压系统的故障特点

众所周知，液压系统出现故障后，很难做出快速准确诊断，主要是因为液压故障具有下述三个显著特点。

（一）因果关系具有复合性、复杂性和交织性

液压设备往往是机械、液压、电气及其仪表等多种装置复合而成的统一体，机械和电气故障与液压故障往往相互交织，出现故障后是哪一部分所致很难判断。

同一故障可能有多种原因。例如液压缸或液压马达速度变慢的可能原因有负载过大、工作机构卡阻、泵或流量阀故障、缸或马达磨损、系统存在泄漏等。

一个故障源可能引起多种症状。例如液压泵的配流机构（叶片泵的平面配流盘或斜轴式轴向柱塞泵的球面配流盘）磨损后会使泵同时出现输出流量下降、泵表面发热和油温异常增高等现象。

（二）故障点具有隐蔽性

液压管路内油液的流动状态，孔系纵横交错的油路块的阻、通情况，液压元件内部的零件动作，密封件的损坏等情况一般看不见摸不着，系统的故障分析受到各方面因素的影响，查找故障难度较大。

（三）故障相关因素具有随机性

液压系统运转中，受到多种多样随机性因素的影响，例如，电源电压的突变、负载的变化、外界污染物的侵入、环境温度的变化等，从而使故障位置和变化方向更不确定。

二、液压系统故障的常见征兆

尽管液压故障难以诊断，但在一般情况下，任何液压故障在演变为大故障之前都会伴有种种不正常的征兆。显然，了解这些征兆，有助于液压系统的故障诊断和排除。常见征兆有如下几种。

第一，声音异常。液压系统工作中一般会伴随一定声音，只是声音不大，不会对操作者听力造成损伤或淹没工作及报警信号。运转中若突然出现异常声音，例如斜盘式轴向柱塞液压泵正常使用过程中泵的噪声突然增大，则很可能预示着柱塞和滑靴滚压包球铰接松动，或泵内部零件损坏，此时必须停机，进行拆解检修；又如先导式溢流阀工作中突然出

现高频噪声，则意味着先导阀部分的固有频率与液压源的脉动频率接近导致共振而激发噪声。

第二，执行机构出现无力（例如挖掘机铲斗挖不动作业面）及作业速度下降（例如毛呢罐蒸机卷染机构卷绕速度达不到额定值）现象。

第三，油箱中出现液位下降、油液变质现象。

第四，液压元件外部表面出现工作液渗漏现象。

第五，出现油温过高现象。

第六，出现管路损伤、松动及共振。

第七，出现发臭或焦煳气味等。此时可能意味油液已变质，橡胶密封件因过热即将失效，或电加热器功率太大使油液烧焦变质等。

第五节　液压系统的故障诊断排除策略及一般步骤

一、故障诊断排除策略

（一）由此及彼、触类旁通

液压元件及装置在结构原理、功能及加工工艺等方面存在着很多相似性，例如齿轮泵、叶片泵和柱塞泵，尽管其结构不同，但从功能原理上都由定子、转子和挤子组成（只是其表现形式因泵的不同而异），极为相似。以实物的相似性为桥梁，在认识一事物的情况下去认识另一事物，在故障诊断问题的探讨中具有特殊的意义。由于条件的限制，可能通过类比和故障的计算机模拟仿真等方式去认识与某一事物类似的另一事物。利用事物之间的相似性，可缩短认识过程，降低把握新事物的困难程度。

（二）积极假设、严格验证

假设 - 验证分析法将积极的探索精神与严密的逻辑论证紧密地结合起来，是典型的科学思维方法在液压故障诊断中的具体应用，值得在实践中广泛推行。

（三）化整为零、层层深入

在考察问题时，将考察对象划分为低层次的若干个子系统，每个子系统又作出进一步的划分，直至分出系统的最基本的构成单元。液压系统是复杂庞大的，难以直接查出故障的具体位置，又不能盲目搜寻，只能逐步深入地判断故障点。在液压系统中，一个症状对应一系列的故障原因，通过对故障原因的总结与分类，可以划分出故障原因的不同层次，以及各层次所包含的子系统。故障原因的化整为零可通过因果图或故障树等方法来实现。总之，某一液压故障的排除最终都要归结到某一个或几个基本构成元件的故障排除。

（四）聚零为整、综合评判

液压系统发生故障后，其故障信息是多方面的，它们通过不同的途径传播。由于液压故障因果关系的重叠与交错，只从某一方面判断系统的问题可能无法得出结论。通过对系统多方面信息的综合考察，可大大缩小问题的不确定性，得出更加具体的结论。在故障诊断过程中，除了对系统的主要症状进行必要的观测外，还要考察其他方面的情况，看是否有异常现象，将各种症状综合起来，形成一个有机的故障信息群。信息群中的每条信息说明一个问题，随着信息量的增多，问题得以具体描述与刻画，答案也就显露出来了。

（五）抓住关键、顺藤摸瓜

现代液压机械日趋复杂，往往是机、电、液、气多个部分并存，相互交织。进行故障诊断时必须通过系统图来理清故障线索，这就有必要采取抓住关键问题，顺藤摸瓜的策略.使查阅系统图更加有的放矢。

鉴于液压系统故障的特点及故障诊断的重重困难，讲究策略是必要的。大量工程实践表明上述液压系统故障诊断策略对现场液压系统故障的诊断十分奏效，而且为建立液压系统故障诊断专家系统及计算机查询系统的推理提供了极有价值的设计思路。

上述策略在具体操作上，可简要归纳为三个方面：弄清整个液压系统的工作原理和结构特点；根据故障现象利用知识和经验进行判断；逐步深入、有目的、有方向地逐步缩小范围，确定区域、部位以至某个元件。

二、故障诊断排除的一般步骤

（一）做好故障诊断前的准备工作

通过阅读机械设备（包括液压系统）使用说明书和调用有关的档案资料，掌握以下情况：液压系统的结构组成，各组成元件的结构原理与性能，系统的工作原理、性能及机械设备对液压系统的要求；货源及厂商信誉，制造日期，主要技术性能；液压元件状况，原始记录，使用期间出现过的故障及处理方法等。由于同一故障可能是由多种不同的原因引起的，而这些不同原因所引起的同一故障有一定的区别，因此在处理故障时，首先要查清故障现象，认真仔细地观察，充分掌握其特点，了解故障产生前后机械设备的运转状况，查清故障是在什么条件下产生的，弄清与故障有关的一切因素。

（二）分析判断

在现场检查的基础上，对可能引起故障的原因进行初步的分析判断，初步列出可能引起故障的原因。分析判断时的注意事项如下。

第一，充分考虑外界因素对系统的影响，在查明确实不是该原因引起故障的情况下，再将注意力集中在系统内部来查找原因。

第二，分析判断时，一定要把机械、电气、液压、气动几个方面联系在一起考虑，切不可孤立地单纯考虑液压系统。

第三，分清故障是偶然发生的还是必然发生的。对必然发生的故障，要认真分析故障原因，并彻底排除；对偶然发生的故障，只要查出故障原因并作出相应的处理即可。

（三）调整试验

对仍能运转的液压机械经过上述分析判断后，针对所列出的故障原因进行压力、流量和动作循环的调整及试验，以便去伪存真，进一步证实并找出更可能引起故障的原因。调整试验可按照已列出的故障原因，依照先易后难的顺序一一进行；如果把握不大，也可首先对怀疑较大的部位直接进行试验，有时通过调整即可排除故障。

（四）拆解检查

对经过调整试验后被进一步认定的故障部位进行拆检。拆解时应注意记录拆解顺序并画草图，要注意保持该部位的原始状态，仔细检查有关部位，不要用脏手或脏布乱摸和擦拭有关部位，以免污物粘到该部位上。

（五）处理故障

对检查出的故障部位进行调整、修复或更换，勿草率处理。

（六）重试与效果测试

按照技术规程的要求，仔细认真地处理故障。在故障处理完毕后，重新进行试验与测试。注意观察其效果，并与原来的故障对比。若故障已经消除，则证实了对故障的分析判断与处理是正确的；若故障还未排除，就要对其他怀疑部位进行同样处理，直至故障消失。

（七）分析总结

故障排除后，对故障要认真地进行定性、定量的分析总结，以便对故障的原因、规律得出正确的结论，从而提高处理故障的能力，也可防止同类故障的再次发生。

第六节　液压系统故障诊断常用方法

液压系统的故障诊断大体上有定性分析法和定量分析法两类。前者又可分为逻辑分析法、对比替换法、观察诊断法（简易故障诊断法）等；后者又可分为仪器专项检测法和智能诊断法等。

一、逻辑分析法

逻辑分析法是一种根据液压系统工作原理进行逻辑推理的方法，也是掌握故障判断技术及排除故障的最主要的基本方法。

（一）要点

逻辑分析法的要点是根据液压系统原理图，按一定的思考方法并合乎逻辑地进行分析，根据逻辑框图，逐一查找原因，排除不可能的因素，最终找出故障所在。根据系统的构成，它一般分为以下两种情况。

第一，对于较为简单的液压系统，可根据故障现象和液压系统的基本原理进行逻辑分析，按照液压源→控制元件→执行元件的顺序，逐项检查并根据已有检查结果，排除其他因素，逐渐缩小范围，逐步逼近，最终找出故障原因（部位）并排除。

第二，对于较为复杂的液压系统［如带有控制油路（用虚线表示）和主油路（用实线表示）的磨床机—液控制操纵箱，大吨位液压机的电液动换向系统等］，通常可根据故障现象按控制油路和主油路两大部分进行分析，逐一将故障排除。

（二）步骤

逻辑分析法较为简单，但要求判断者有比较丰富的知识和经验，具体步骤如下。

第一，了解主机的功能结构及性能认真阅读说明书，对机械设备的规格与性能，液压系统原理图，液压元件的结构与特性等进行深入仔细的研究。

第二，查阅设备运行记录和故障档案了解设备运行历史和当前状况，阅读故障档案，调查情况。

第三，仔细询问。向操作者询问设备出现故障前后的工作状况和异常现象等。

第四，现场观察。如果设备还能启动运行，就应亲自启动一下或请操作者启动一下，操纵有关控制部分，观察故障现象及有关工作情况。

第五，归纳分析。对上述情况进行综合分析，认真思考，然后进行故障诊断与排除。

此法实际上是根据液压系统中各回路内所有液压元件有可能出现的故障采取的一种逼近的推理检查方法。

（三）分类

逻辑分析法还可细分为列表法、框图法、因果图法及故障树法等。

1.列表法

利用表格将系统出现的故障现象、故障原因、故障部位及故障排除方法简明列出。

2.框图法

利用矩形框、菱形框、指向线和文字描述故障及故障判断过程。其特点是通过框图，即使故障复杂，也能做到分析思路清晰，排除方法层次分明，解决问题一目了然。

图框有两种：叙述框（用矩形画），表示故障现象或要解决的问题，一般每个框只有一个入口和一个出口；检查、判断框（用菱形画），一般每个框有一个入口、两个出口，判断后形成两个分支，在两个出口处，必须注明哪一个分支是对应满足条件的，哪一个分支是对应不满足条件的。

3. 因果图法

此法是将故障的特征与可能的影响因素联系在一起进行故障诊断的方法。因其图形与鱼骨相似，故又称为鱼刺图法。这是一种将故障形成的原因由总体至部分按树枝状逐渐细化的分析方法，是对液压系统工作可靠性及其液压设备液压故障进行分析诊断的重要方法。其目的是判明基本故障，确定故障的原因、影响因素和发生概率。此法已被公认为是可靠性、安全性分析的一种简单有效的方法。

一般情况下，因果图的右端表示故障模式，与故障模式相连的为主干线（鱼脊骨）。在主干线两侧分别为引起故障的可能的大、中、小原因，大、中、小原因之间具有一定的逻辑关系。

4. 故障树法

此法属于失效模式影响分析法的一种，主要用于复杂系统的可靠性、安全性及风险的分析与评价。它是一种将液压系统故障形成的原因由总体至部分按树枝状逐步细化的分析方法，目的是判明基本故障，确定故障的原因、影响因素和发生概率。

故障树是根据液压系统的工作特性与技术状况之间的逻辑关系构成的树状图形，对故障发生的原因进行定性分析，并运用逻辑代数运算对故障出现的条件和概率进行定量分析。

故障树是一个基于被诊断对象结构、功能特征的行为模型，也是一种定性的因果模型。它是以系统最不希望事件（系统故障）为顶事件，以可能导致顶事件发生的其他事件为中间事件和底事件，并用逻辑门表示事件之间联系的一种倒树状结构。它反映了特征向量与故障向量（故障原因）之间的全部逻辑关系

由上可见，正确构建造故障树是进行故障诊断的核心与关键，只有建立了正确、完整的故障逻辑关系，才能保证分析结果的可靠性。故障树法步骤如下。

第一，选择合理的顶事件，一般以待诊断对象的故障为顶事件。

第二，对故障进行定义，分析故障发生的直接原因。

第三，构建正确合理的故障树。分析故障事件之间的联系，用规定的符号画出系统的故障树。首先将顶事件作为第一级用规定的符号画在故障树的最上端，分析引发顶事件的可能因素，并将其作为第二级并列地画在顶事件的下方；其次，按照这些因素与顶事件之间的关系，选择相应的逻辑门（与门、或门等）符号，使这些因素与顶事件相连接；然后，依次分析第二级以后的各个事件及其影响因素，并按照逻辑关系相互连接，直到不能进一步分析的底事件为止，最后形成一个自上而下倒置的树状逻辑结构图。

第四,故障搜寻与诊断。根据搜寻方式不同,可分为逻辑推理诊断法和最小割集诊断法。前者是采用从上而下的测试方法,从故障树顶事件开始,先测试最初的中间事件,根据中间事件测试结果判断测试下一级中间事件,直到测试底事件,搜寻到故障原因及部位。后者的割集是指故障树的一些底事件集合,当这些底事件同时发生时,顶事件必发生,而最小割集是指割集中所含底事件除去任何一个时,就不再成为割集了。一个最小割集代表系统的一种故障模式。故障诊断时,可逐个测试最小割集,从而搜寻故障源,进行故障诊断。

故障树法是一种将系统故障形成的原因,由总体至局部按树状进行逐级细化的分析方法。当液压系统出现了某一故障症状,难以在引起症状的多种可能原因中找出故障的真正原因时,适合采用故障树法。在工程实际中,通常是把故障或故障的本质原因作为树根,以按结构原理推断出的分支原因作为树干,将故障的常见原因作为树枝,构成一棵向下倒长的树状因果关系图。这种方法将故障原因化整为零,使液压系统复杂的故障因果关系直观地展示出来,对故障分析人员有直接的提示作用。根据故障树,可以排除那些概率较低的故障点,找出概率较大的故障点,其步骤为直接观察、简单仪表测量、拆卸元件,亦即将可能引起故障的原因直观地表达出来,结合感官、简单仪表测量排除一些概率较低的故障点,找出概率较高的故障点,再对可能的故障部位进行拆检、修理,最后对整个系统进行调试、试车。在各故障原因可能性大小并不清楚的情况下,应按"先易后难"的原则进行,即先检查易于拆卸的元件,再检查较难拆卸的元件。

二、对比替换法

对比替换法是在现场缺乏测试仪器时检查液压系统故障的一种有效方法。它有以下两种情况。

第一,用两台同型号和同规格的主机及系统进行对比试验,从中查找故障。试验过程中对可疑液压元件用新件或完好机械的液压元件进行替换,再开机试验,如性能变好,则故障所在便知。否则可用同样的方法或其他方法检查其他元件。

第二,对于两台具有相同功能回路的液压系统,用软管分别连接同一主机进行试验,遇到可疑元件时,更换或交换元件(可以不拆卸可疑元件,只交换两台系统中元件的相应软管接头)即可。

采用对比替换法检查故障,由于结构限制、元件储备、拆卸不便等原因,从操作上来说是比较复杂的。但对于体积小、易拆装的元件(如平衡阀、溢流阀、单向阀等),采用此法是较方便的。具体实施对比替换过程中,一定要注意连接正确,不要损坏周围的其他元件,这样才有助于正确判断故障,且能避免出现人为故障。此外,在未搞清具体故障所在部位时,应避免盲目拆解液压元件总成,否则极易导致其性能降低,甚至出现新的故障。

三、观察诊断法

观察诊断法（简易故障诊断法）是目前液压系统故障诊断中一种方便易行的最普遍的方法。它是凭借维修人员个人的经验，利用简单仪表，客观地按"望闻问切"（八看五闻，六问四摸）的手段和流程，对零部件的外表进行检查，判断一些较为简单的故障（如管道破裂、元件漏油、螺栓松脱、壳体变形等）。此法既可在液压设备工作状态下进行，也可在停车状态下进行。

观察诊断法的优点是简单可行，特别是在缺乏完备的仪器、工具的情况下更为有效。注意积累经验，运用起来就会更加自如。

一般情况下，任何故障在演变为大故障之前都会伴有种种不正常的征兆，这些现象只要勤检查，勤观察，便不难被发现。将这些现场观察到的现象作为第一手资料，根据经验及有关图表、数据资料，就能判断出是否存在故障、故障性质、发生部位及故障具体产生的原因，就可以着手进行故障排除，以防大故障的发生。

四、仪器专项检测法

（一）原理

仪器专项检测法是使用仪器、仪表进行故障诊断的方法，它主要是通过对系统各部分参数（压力、流量、油温等）的测量来判断故障点。其主要原理是通过仪器仪表在进行参数测量后，与正常值相比较从而断定是否有故障。因为任何液压系统当运转正常时，其系统参数都工作在设计和设定值附近。当范围突破后，一般可认为故障已经发生或将要发生。一般而言，利用仪器仪表是检测液压系统故障最为准确的方法，多用于重要设备。仪器专项检测时，压力测量应用较为普遍，流量大小可通过执行元件动作的快慢做出粗略的判断（但元件内泄漏只能通过流量测量来判断）。

液压系统压力测量一般是在整个液压系统选择几个关键点来进行（如泵的出口、执行元件的入口、多回路系统中每个回路的入口、故障可疑元件的出口和入口等部位），将所测数据与系统图上标注的相应点的数据对照，可以判定所测点前后油路上的故障情况。

在测量中，通过压力还是流量来判断故障以及如何确定测量点，要灵活运用液压技术的两个工作特征：力（或力矩）是靠液体压力来传递的；负载运动速度仅与流量有关而与压力无关。

（二）实施要点

利用参数检测法诊断液压系统故障时，首先要根据故障现象，调查了解现场情况（设备周边环境情况），亲自查看机器的构成（机械、电气、液压）、工作机构及其状态，对照实物仔细分析该机的液压系统原理图，弄清其组成、工作原理及工作条件，系统各检测点的位置和相应标准数据。在此基础上对照故障现象进行分析，初步确定故障范围，编写检查诊断的逻辑程序，然后借助仪器对可疑故障点进行检测，将实测数据和标准数据进行比较分析．确定故障原因与故障点。

（三）注意事项

仪器专项检测法的不足是操作烦琐，主要是一般液压系统所设的测压接头很少，要测故障系统中某点的压力或流量，都要制作相应的测压接头；另外，由于技术保密等原因，系统图上给出的数据也较少。因此，要想顺利地利用检测法进行故障检查，必须注意以下事项。

第一，对所测系统各关键点的压力值要有明确的了解，一般在液压系统图上会给出几个关键点的数据，对于没有标出的点，在测量前也要通过计算或分析得出其大概的数值。

第二，要准备几个不同量程的压力表，以提高测量的准确性，量程过大会测量不准，量程过小则会损坏压力表。

第三，平时多准备几种常用的测压接头，主要考虑与系统中元件、油管接口连接的需要。

第四，要注意有些执行元件回油压力的检查，由于回油压力油路堵塞等原因造成回油压力升高，以致执行元件入口与出口的压力差减小而使元件工作无力的现象时有发生。

五、智能诊断法

智能诊断法基于液压设备故障诊断专家系统（计算机系统），借助计算机的强大的逻辑运算能力和记忆能力，将液压故障诊断知识系统化和数字化。专家系统通常由置于计算机内的知识库（规则基）、数据库、推理机（策略）、解释程序、知识获取程序和人机接口6个部分组成。

知识库是专家系统的核心之一，其中存放各种故障现象、故障原因及两者的关系，这些均来自有经验的维修人员和本领域专家。知识库集中了众多专家的知识，汇集了大量资料，扣除了解决时的主观偏见，使诊断结果更加接近实际。一旦液压系统发生故障，用户即可通过人机接口将故障现象送入计算机，计算机根据输入的故障现象及知识库中的知识，按推理机中存放的推理方法推出故障原因并报告给用户，还可以提出维修或预防措施。

智能诊断法无疑是液压系统故障诊断的发展方向和必由之路，新型专家系统包括模糊专家系统、神经网络专家系统、互联网专家系统等。专家系统目前存在着缺乏有效的诊断知识表达方法以及不确定性推理方法，诊断知识获取困难问题，故还处于研究探讨之中。

第七节　液压系统故障现场快速诊断仪器

表征液压系统工作状态的参数主要有压力、流量、温度、振动、噪声、转矩和转速等，包含系统状态信息最多的是压力和流量这两个参数。液压系统现场快速诊断仪器主要是基于液压参数进行检测而对故障进行诊断的，它主要有通用诊断仪器、专用诊断仪器和综合诊断仪器 3 类，可根据需要选用。

一、通用诊断仪器

机械式压力表和容积式椭圆齿轮流量计是液压系统故障诊断最常用的仪表。特别是机械式（弹簧管）压力表的应用更为广泛，主要是因为压力参数携带着最多的系统状态信息，表达着最明显的故障特征。压力表接入系统方便，显示直观，计量准确；仪表本身价廉，故障率低。故大多数液压系统在一些表征系统运行状态的关键点就事先接入压力表，既监控系统运行状态，又直接显示发生的故障。

二、专用诊断仪器

（一）压力诊断仪器

压力诊断仪器大多是基于压力传感器技术发展的。例如浙江大学研发的流体压力波形采集仪，可由维修人员携带到现场进行测试、记录、显示系统压力数值和波形，以便进行系统故障分析诊断，具有体积小、重量轻、易携带的特点，电池供电，可连续工作 5h 以上，测量精度达 2‰，交流频响为 350Hz。

（二）流量诊断仪器

基于超声波原理发展的超声波流量计可便利地用于液压系统的现场故障诊断。按传感器与被测介质是否接触分为插入式和非插入式。插入式的需事先在被测点的管道上开孔，测试时把传感器接入。非插入式的则不需事先在被测管道开孔，传感器夹持在被测点管道外壁上，便于现场测试，可实现不断流接入，在线检测，但价格较高。

三、综合诊断仪器

综合诊断仪器是将多种检测功能集于一体的诊断仪器，更方便现场故障诊断的多参数检测，所以又称"液压万用表"。从检测功能而言有 6 种组合方式：压力和流量组合；压力、流量和温度组合；压力、流量和转速组合；压力、流量和功率组合；压力、流量、温度和功率组合；压力、流量、温度和转速组合。

（一）国内产品

国内已可以提供多种综合液压测试仪。

CYJ 液压系统检测仪（工程兵学院开发）其检测功能是压力、流量和转速组合。测试精度：压力±0.7%，流量 ±1.5%，转速 ±0.2%。

PFM8-200 全数字式液压测试仪用于工程机械液压系统和发动机 - 液压泵组的状态监测或故障诊断。可在一个检测点同时读出温度、压力、流量及功率。变换测试仪在液压系统中的连接（串联或并联）的位置，能测试系统中动力元件（液压泵）、控制元件（溢流阀、换向阀）和执行元件（液压缸、马达）的性能与工况，可迅速查找出故障部位。该测试仪由测试系统与数据处理系统组成。测试系统包括膜片式安全阀、模拟加载的负荷阀、硅应变片式压力传感器、流量传感器、热电阻温度传感器等，所测的液压系统各物理量被转换成电参数，送往数据处理系统。数据处理系统包括接口电路、微处理器、显示器、触摸开关、低电平指示灯、蓄电池等，测试系统传来的电压或脉冲信号经处理后，在液晶显示器上显示出测试结果。

便携式工程机械液压系统故障检测仪（总装工程兵某科研机构研制）由硬件和软件两部分组成，硬件部分包括 ECM-945 工控机、基于 ARM 芯片的嵌入式数据采集系统及液晶屏、触摸屏、电源模块和传感器等，软件系统包括数据采集程序、故障诊断和检测主程序、输出打印程序等。对挖掘机、推土机和装载机等工程机械液压系统的工作主泵、回转马达、转向泵、伺服泵、阀等元件的温度、压力、流量等参数进行检测，判断液压元件及整机液压系统的工作状况，可用于工程机械液压系统的完好性检测和故障诊断，并为工程机械的使用维护保养提供故障原因界定方法。

（二）国外产品

国外综合液压测试仪较多。

SP3600 液压系统检测仪（美国）由转换器和仪表盒两部分组成：转换器由涡轮流量计、热电阻、压力表接头和用伺服电机控制的节流式加载阀等组成；仪表盒表面上有压力表、温度表、转速表和流量表等。转换器和仪表盒之间用一根高压软管和一根电缆连接。高压软管传递油压信号，以测量系统压力。电缆传递热敏电信号和流量计电信号等，以测量液流温度和流量。该检测仪也可对液压系统各回路的漏损进行检测，判断泵、缸、阀是否有故障，从而进一步对单个液压泵、缸进行流量、压力、转速的测定。

8050 液压万用表（德国 Hydrotechnik 公司）可用于液压系统压力和流量以及温度、转速、转矩、位移、速度、电流、功率的现场测量，其配置适合现场调试与测试用，也适合中型试验台使用。该仪器仅 3.1kg，采用 24 VDC 直接供电，具有欠压、过压、过载保护；具有 16 个输入通道（压力流量等模拟量输入通道 10 个，直流电压和电流通道各 1 个，流量和转速等频率输入通道 4 个）和 6 个输出通道，通过 PC 联机软件可以显示各类分析曲线，可以打印报表，具备硬件滤波，适用于噪声环境；可以数字显示压力、流量、温度、转速，可以实时或离线显示时间曲线、XY 曲线等，采集速度最高可以到 0.1ms；综合精度为模拟量输入 ±0.1%，电压、电流输入± 0.2%。

第八节　液压元件故障诊断与维修中拆解时的一般注意事项

在液压系统使用出现异常现象或发生故障后，除非被迫不得已，不应拆解元件，在未加分析或不明用途、原理情况下更不应拆解元件。一般应首先试用调整的方法解决问题。若不能奏效，则可考虑拆解修理或更换元件。除了清洗后再装配和更换密封件或弹簧这类简单修理之外，重大的拆解修理（如电液伺服阀、多功能液压泵）要十分小心，对于液压技术的一般用户，最好到液压元件制造厂或有关大修厂检修。在拆解液压元件（系统）的过程中，应注意如下细节。

第一，拆解检修的工作场所一定要保持清洁，最好在净化间内进行。

第二，在检修时，要完全卸除液压系统内的液体压力，同时还要考虑如何处理液压系统的油液问题，在特殊情况下，可将液压系统内的油液排除干净。

第三，拆解时要用适当的工具，以免将如内六角和尖角损坏或将螺钉拧断等。

第四，拆解时，各液压元件及其零部件应妥善保存和放置，不要丢失。对于液压技术一般的用户，建议记录拆卸顺序并绘制装配草图和关键零件的安装方位图。

第五，液压元件中精度高的加工表面较多，在拆解和装配时，不要被工具或其他东西将加工表面碰伤。要特别注意工作环境的布置和准备工作。

第六，在拆卸油管时，事先应将油管的连接部位周围清洗干净。拆解后，在油管的开口部位用干净的塑料制品或石蜡纸将油管包扎好。不能用棉纱或破布将油管堵塞住，同时注意避免杂质混入。在拆解多执行元件液压机械（如大型井下采掘机）较为复杂的管路系统时，应在每根油管的连接处扎上白铁皮片或塑料片并写上编号，以便于装配时不至于将油管装错。

第七，在更换橡胶密封件时，不要用锐利的工具，不要碰伤工作表面。在安装或检修时，应将与密封件相接触部件的尖角修钝，以免密封圈被尖角或毛刺划伤。

第八，拆解后再装配时，各零部件必须清洗干净。

第九，在装配前，O形密封圈或其他密封件应浸放在油液中，以待使用，在装配时或装配好后，密封圈不应有扭曲现象，而且要保证滑动过程中良好的润滑性能。

第十，在安装液压元件或管接头时，拧紧力要适当。尤其要防止液压元件壳体变形、滑阀的阀芯不能滑动、接合部位漏油等现象。

第十一，若在重力作用下，液压执行元件（如液压缸等）可动部件（如压力机滑块、工程机械的动臂）有可能下降，应利用支撑架将可动部件牢牢支撑住，以防造成人身伤亡及设备损坏事故。

第九章　液压共性故障诊断排除方法

第一节　液压油液的污染及其控制

在液压系统中，液压油液主要用于传递能量和工作信号，对元件进行润滑、防锈，冲洗系统污染物质及带走热量，提供和传递元件及系统失效的故障信息等。液压系统运转的可靠性、准确性和灵活性，在很大程度上取决于所使用的油液。众所周知，系统的故障有70%以上是因油液污染而致。因此，要使液压系统可靠工作，就必须设法保持油液清洁，对污染进行控制。

一、污染物种类及危害

（一）污染物种类

在液压油液中，凡是油液成分以外的任何物质都认为是污染物，主要有固体颗粒物、水和空气等，微生物、各种化学物质；系统中以能量形式存在的静电、热能、放射能及磁场等。

上述污染物来源主要有三个途径：一是系统内部残留（如液压元件、油路块、管道加工和液压系统组装过程中未清除干净而残留的型砂、金属切屑、焊渣、尘埃、锈蚀物和清洗溶剂等）；二是系统外界侵入（如通过液压缸活塞杆侵入的固体颗粒物和水分，以及注油和维修过程中带入的污染物等）；三是系统内部生成（如各类元件磨损产生的磨粒和油液氧化及分解产生的有害化学物质等）。

（二）油液污染对液压系统的危害

颗粒污物会堵塞和淤积引起元件故障；加剧磨损，导致元件泄漏、性能降低；加速油液性能劣化变质等。空气侵入会降低油液体积弹性模量，使系统刚性和响应特性变差，压缩过程消耗能量而使油温升高；导致气蚀，加剧元件损坏，引起振动和噪声；加速油液氧化变质，降低油液的润滑性；气穴破坏摩擦副偶合件之间的油膜，加剧磨损。油液中侵入的水与油液中某些添加剂的金属硫化物（或氯化物）作用产生酸性物质而腐蚀元件；水与油液中某些添加剂作用产生沉淀物和胶质等有害污染物，加速油液劣化变质；水会使油液乳化而降低油液的润滑性；低温下油液中的微小水珠可能结成冰粒，堵塞元件间隙或小孔，导致元件或系统故障。

二、污染度及其测量

污染度是评定油液污染程度的一项重要指标，通常是指在单位体积油液中固体颗粒物的含量，即油液中固体颗粒污染物的浓度。固体颗粒污染度主要采用质量污染度（mg/L）和颗粒污染度。

三、污染度等级标准

污染度等级标准用于液压油液污染度的描述、评定和控制，常用油液污染度等级标准如下。

（一）美国宇航学会污染度等级标准 NAS1638

此标准按照 $5 \sim 10\mu m$、$10 \sim 25\mu m$、$25 \sim 50\mu m$、$50 \sim 100\mu m$ 和大于 $100\mu m$ 几个尺寸范围的颗粒浓度划分等级（14 个等级），适应范围更广。

实际液压系统中颗粒尺寸分布与标准中的尺寸分布并不一致，标准中的小尺寸颗粒数相对较少，这可能由于当时制定该标准时，颗粒分析技术不够完善，小颗粒计数结果偏少。故在使用过程中，NAS 标准均有局限性，往往是大、小尺寸颗粒间的等级可能相差 $1 \sim 2$ 级，故无法仅用一个污染度等级数码来描述油液实际污染度。

采用该标准时（以自动颗粒计数器测量油液污染颗粒为例），根据实测结果，查出相应的大于 $2\mu m$、$5\mu m$ 和 $15\mu m$ 颗粒数的等级数码，即可确定油液的污染度等级。

（二）国际标准化组织污染度等级标准 ISO 4406—1999

该标准按每 $1mL$ 油液中的颗粒数，将污染度划分为 30 个等级，每个等级用一个数码表示，颗粒浓度越大，代表等级的数码越大。如果采用自动颗粒计数器测量油液污染颗粒时，采用三个数码表示油液的污染度，三个数码采用一斜线分割，其中第一个数码表示每毫升油液中尺寸大于 $2\mu m$ 的颗粒数等级，第二个数码表示尺寸大于 $5\mu m$ 的颗粒数等级，第三个数码表示尺寸大于 $15\mu m$ 的颗粒数等级。例如污染度等级 18/16/13 表示油液中大于 $2\mu m$ 的颗粒数等级数码为 18，每 $1mL$ 油液中的颗粒数在 $1300 \sim 2500$ 之间；油液中大于 $5\mu m$ 的颗粒数等级数码为 16，每 $1mL$ 油液中的颗粒数在 $320 \sim 640$ 之间；油液中大于 $15\mu m$ 的颗粒数等级数码为 13，每 $1mL$ 油液中的颗粒数在 $40 \sim 80$ 之间。如果采用显微镜测量油液污染颗粒时，仍用两个代码表示油液污染度等级，为了与前述表达方式保持形式上的一致，缺少的一个代码以"—"表示，例如—/16/13。

四、液压系统与液压元件清洁度等级（指标）

一个新制造的液压系统（元件）在运行前和已正在运转的旧系统的污染度等级与典型液压系统的清洁度等级或液压元件清洁度指标进行比对，如果污染度等级在典型液压系统的清洁度等级或液压元件清洁度指标范围内，即认为合格，否则即为不合格。

五、液压工作介质的污染控制措施

（一）系统残留污染物的控制

制造液压元辅件及油路块要加强工序之间的清洗、去毛刺，防止零件落地、磕碰；装配液压元件及油路块前要认真清洗零件，加强出厂试验和包装环节的污染控制；保证元件出厂清洁度并防止在运输和储存中被污染；装配液压系统之前要对油箱、油管及管接头等彻底清理和清洗，未能及时装配的管件要加护盖；在清洁的环境中用清洁的方法装配系统；启动之前冲洗新的和大修后的系统，暂时拆掉执行器及伺服阀之类的精密元件而代之以冲洗板；与系统连接之前要保证执行器内部清洁等。

（二）系统外界侵入污染物的控制

存放油液的器具要放置在凉爽干燥处；向油桶或油罐注油或从中放油时都要经过便携式过滤装置（如过滤机或滤油车等）；保证油桶或油罐的封盖或阀的有效密封；从油桶取油之前先清除封盖周围的污染物；注入油箱的油液要按规定过滤；注油所用器具要先行清理；系统漏油未经过沉淀不得返回油箱；与大气相通的油箱必须装有通气过滤器，通气器要与机器的工作环境及系统温度相适应，要保证通气器始终安装正确和固定紧密，污染严重的环境可考虑采用加压油箱或呼吸袋；注意密封油箱的所有开口及油管穿过处防止空气进入系统，尤其是经液压泵的吸油管进入系统。应保证处于负压区或泵吸油管的接头气密性。要保证所有管子的管端都低于油箱中的最低液面；液压泵吸油管应该足够低，以防止在低液面时空气经旋涡进入泵；制止来自冷却器或其他水源的水漏进系统。进行止漏修理维修时严格执行清洁操作规程。

为了排除沉积在油箱内的污染物，可采用不同于传统矩形油箱的"自清洁油箱"，此种油箱为带有圆锥形箱底的竖直圆筒形组合结构，其竖直柱面与锥底平滑连接，系统的回油口与圆柱壁相切，过滤器或离线过滤回路的进油路位于油箱底部（锥顶）。当系统回油进入油箱时，油箱里的油液趋于缓慢旋转。由于固体污染物的密度要比液压油的密度大很多，从而使固体污染物被旋涡卷入油箱底部中心处，经过滤回路被油滤器滤除，而不是沉积于传统矩形油箱的整个底面，从而提高了系统的清洁度。

（三）系统内部生成污染物的控制

要在系统的适当部位设置具有一定过滤精度和一定容量的过滤器，并在使用中经常检查与维护，及时清理或更换滤芯，使液压系统远离或隔绝高温热源（如炉子），将油温设计并保持于最佳值，需要时设置冷却器。发现系统污染度超过规定时，要查明原因，及时消除引起异常污染的原因；仅靠系统的在线过滤器无法净化过分污染的系统油液时，可用便携式过滤装置进行体外（离线）循环过滤净化；定期取油样分析，以确定颗粒性污染物、热量、水分和空气的影响，表明需要对哪些因素加强控制，还是更换油液；每当油箱放空时，都应彻底清理油箱中的所有残留污染物。如果需要，重涂保护漆或进行喷塑等其他表面处理。完成后系统立即加油，否则要封盖好所有开口。

（四）其他

除了在液压动力源装置设计中，在有关管路或元件前设置过滤器、在油箱顶盖设置通气过滤器外，还应在各连接面间采取适当的密封措施。对于工作在高粉尘环境下的液压装置，建议在液压站上加设防尘器（罩）；对于大型冶金设备的中央型液压装置，建议将液压站安放在专门的地下室内，以防止污物侵入。

第二节　液压元件常见故障及其诊断排除方法

液压元件包括能源元件（液压泵）、执行元件（液压缸和液压马达）、控制调节元件（液压阀）及辅助元件（过滤器、蓄能器等），其结构类型及品种甚多，故障现象各异。出现故障后一般不宜随便拆解，而应首先通过产品样本和使用说明书等相关技术资料，在熟悉并掌握其功能作用、具体结构、工作原理和特性基础上，经过仔细对故障的现场观测、分析研究，找出相应对策，及时有效地排除其所出现的故障。

一、液压泵常见故障及其诊断排除方法

液压泵是系统的能源元件，用于给系统提供一定压力和流量的油液。按结构不同液压泵有齿轮泵、叶片泵和柱塞泵等类型。

泵不转的原因有：①电动机轴未转动；②电动机发热跳闸；③泵轴或电动机轴上无连接键；④泵内部滑动部分卡死。

排除方法：①加大电动机功率；②调节溢流阀压力值，检修阀；③检修单向阀；④检修或更换电动机；⑤拆开检修，按要求选配间隙；⑥更换零件，重新装配，使配合间隙达到要求。

泵不吸油的产生原因有：①油箱油位过低；②吸油过滤器内包装漏拆或过滤器堵塞；

③泵吸油管上阀门未打开；④泵或吸油管密封不严；⑤泵吸油高度超标、吸油管细长且弯头太多；⑥吸油过滤器过滤精度太高或通流面积太小；⑦油液的黏度太高。

排除方法：①加油至油位线；②检查、清洗滤芯或更换；③检查并打开阀门；④检查和紧固接头处，紧固泵盖螺钉，在泵盖接合处和接头连接处涂上油脂，或先向泵吸油口注油；⑤降低吸油高度，更换管子，减少弯头；⑥选择合适的过滤精度，加大过滤器规格；⑦检查油液黏度，更换适宜的油液，冬季应检查加热器的效果

二、液压阀常见故障及其诊断排除方法

（一）液压阀的功用与结构原理及分类

液压阀是系统的控制调节元件，用于控制调节液压系统中油液的流向、压力和流量，使执行元件及其驱动的工作机构获得所需的运动方向、推力（转矩）及运动速度（转速）等，满足不同的动作要求。液压阀是液压技术中品种与规格最多、应用最广泛、最活跃的部分，也是液压系统中极易出现故障的元件。

液压阀的基本结构主要包括阀芯、阀体和驱动阀芯相对于阀体产生运动的装置。阀芯的结构形式多样；阀体上除了开设与阀芯配合的阀体（套）孔或阀座孔外，还有外接油管的主油口（进、出油口）、控制油口及泄油口等孔口；阀芯可以用手调（动）机构、机动机构进行驱动，也可以用弹簧或电气机构（电磁铁或力矩马达等）驱动，还可以用液压力驱动或将电气与液压结合起来进行驱动等。在工作原理上，液压阀多是利用阀芯相对于阀体的运动来控制阀口的通断及开度的大小，以实现方向、压力和流量控制。所有液压阀在工作时，其阀口大小（开口面积 A），阀进、出油口间的压力差 Δp 以及通过阀的流量 q 之间的关系都符合孔口流量特性通用公式 $q = CA\Delta p^{\varphi}$（C 为由阀口形状、油液性质等决定的系数， 为由阀口形状决定的指数），仅是参数因阀的不同而异。液压阀的分类方法很多，同一种阀在不同的场合，因其着眼点不同会有不同的名称。例如按功能及使用要求分为普通液压阀和特殊液压阀；按阀芯的结构形式分为圆柱滑阀、提升阀（锥阀及球阀）和喷嘴挡板阀及射流管阀；按操纵方式分为手动阀、机械操纵阀、电动阀、液动阀、电液动阀等；按安装连接方式分为管式阀、板式阀、叠加阀和插装阀等；控制方式分为定值（或开关）控制阀和连续控制的电液控制阀（含电液伺服阀和电液比例阀）。

（二）普通液压阀常见故障及其排除方法

普通液压阀包括方向阀、压力阀和流量阀三类，以手动、机械、液动、电动、电液动等操控方式，启、闭液流通道、定值控制（开关控制）液流方向、压力和流量，多用于一般液压传动系统。

表 9-1　溢流阀的常见故障及其诊断排除方法

故障现象	产生原因	排除方法
1. 调紧调压机构,不能建立压力或压力不能达到额定值	(1)进、出口装反 (2)先导式溢流阀的导阀芯与导阀座处密封不严,可能有异物(如棉丝)存在于导阀芯与导阀座间 (3)阻尼孔被堵塞 (4)调压弹簧变形或折断 (5)导阀芯过度磨损,内泄漏过大 (6)遥控口未封堵 (7)三节同心式溢流阀的主阀芯三部分圆柱不同心	(1)检查进、出口方向并更正 (2)拆检并清洗导阀,同时检查油液污染情况,如污染严重,则应换油 (3)拆洗,同时检查油液污染情况,如污染严重,则应换油 (4)更换新的调压弹簧 (5)研修或更换导阀芯 (6)封堵遥控口 (7)重新组装三节同心式溢流阀的主阀芯
2. 调压过程中压力非连续上升,而是不均匀上升	调压弹簧弯曲或折断	拆检换新
3. 调松调压机构,压力不下降甚至不断上升	导阀孔堵塞 主阀芯卡阻	(1)检查导阀孔是否堵塞。如正常,再检查主阀芯卡阻情况 (2)拆检主阀芯,若发现主阀孔与主阀芯有划伤,则用油石和金相砂纸先磨后抛;若检查正常,则应检查主阀芯的同轴度,如同轴度差,则应拆下重新安装,并在试验台上调试正常后再装回系统
4. 噪声和振动	导阀弹簧自振频率与调压过程中产生的压力 - 流量脉动合拍,产生共振	迅速拧调节螺杆,使之超过共振区,如无效或实际上不允许这样做(如压力值正在工作区,无法超过),则在导阀高压油进口处增加阻尼,如在空腔内加一个松动的轴,缓冲导阀的先导压力 - 流量脉动

表 9-2　减压阀的常见故障及其诊断排除方法

故障现象	产生原因	排除方法
1. 不能减压或无二次压力	(1)泄油口不通或泄油通道堵塞,使主阀芯卡阻在原始位置,不能关闭 (2)无油源 (3)主阀弹簧折断或弯曲变形	(1)检查拆洗泄油管路、泄油口使其通畅,若油液污染,则应换油 (2)检查油路排除故障 (3)更换弹簧
2. 二次压力不能继续升高或压力不稳定	(1)导阀密封不严 (2)主阀芯卡阻在某一位置,负载有机械干扰 (3)单向减压阀中的单向阀泄漏过大	(1)修理或更换导阀芯或导阀座 (2)拆检、更换单向阀零件
3. 调压过程中压力非连续升降,而是不均匀下降	调压弹簧弯曲或折断	拆检换新

（三）特殊液压阀常见故障及其排除方法

特殊液压阀是在普通液压阀的基础上，为进一步满足某些特殊使用要求发展而成的液压阀，包括多路阀、叠加阀、插装阀、电液控制阀等，这些阀的结构、用途和特点各不相同。

1. 多路阀

多路阀是一种以两个以上的滑阀式换向阀为主体，它通常将换向阀、单向阀、安全溢流阀、补油阀、分流阀、制动阀等集成为一体，而阀之间无连接管件，可对两个以上的执行元件集中操纵，一般具有方向和流量控制两种功能。多路阀主要用于车辆与工程机械等行走机械的液压系统中。一组多路阀通常由几个换向阀组成，每一个换向阀为一联。按油口连通方式多路阀有并联、串联、串并联、复合油路等形式，每种连通方式的特点和功能不同。

2. 叠加阀

由几种阀相互叠加起来靠螺栓紧固为一整体而组成回路的阀类，其阀体兼作系统的公用油道体，内部构造与普通液压阀基本相同，其常见故障及其诊断排除方法与普通液压阀类似。

3. 插装阀

没有阀体，主要由插装元件（简称插件）、先导控制阀（小规格电磁阀、压力阀和流量阀等）和集成块三部分组成。插装元件的实质从原理上讲就是起"开"和"关"的作用，从结构上看，相当于一个单向阀。集成块是一个油道体，各插件插入其孔腔中，通过内部通道实现油路联系。

4. 电液控制阀（电液伺服阀和电液比例阀）

电液伺服阀是接受电气模拟控制信号并输出对应的模拟液体功率的阀类，阀的控制水平、控制精度和响应特性较高，工作时着眼于阀的零点（一般指输入信号为零的工作点）附近的性能及其连续性。电液伺服阀主要由电气-机械转换器、液压放大器和检测反馈机构等部分组成，是一个典型的机电液一体化控制元件，主要用于控制精度和响应特性要求较高的闭环自动控制系统。伺服阀有单、两级流量伺服阀、三级流量伺服阀、压力伺服阀等类型。由于电液伺服阀结构的复杂性和精密性，高昂的制造成本与较高的动静特性和使用维护技术要求，极易因油液污染等原因引起诸如压力或流量不能连续控制等故障，所以它堪称一个"富贵"元件。

电液比例阀是介于普通液压阀和电液伺服阀之间的一种液压阀，此类阀可根据输入的电气控制信号（模拟量）信号的大小成比例、连续、远距离控制液压系统中液体的流动方向、压力和流量，多用于开环系统，也可用于闭环系统。电液比例阀包括比例压力阀、比例流量阀、比例换向阀、比例复合阀和比例多路阀等。电液比例阀的结构组成与伺服阀类似，但一般的电液比例阀的主体结构组成及特点与常规液压阀相差无几。

三、液压辅件常见故障及其诊断排除方法

液压辅助元件是油箱、过滤器、蓄能器、连接件与密封装置等元件的统称，是液压系统不可缺少的重要部分，其性能对系统的工作稳定性、可靠性、寿命等工作性能的优劣有直接的影响。

表 9-3　油箱的常见故障及其诊断排除方法

故障现象	产生原因	排除方法
1. 油箱温升过高	①油箱离热源近，环境温度高 ②系统设计不合理，压力损失大 ③油箱散热面积不足 ④油液黏度选择不当	①避开热源 ②改进设计，减小压力损失 ③加大油箱散热面积或强制冷却 ④正确选择油液黏度
2. 油箱内油液污染	①油箱内有油漆剥落片、焊渣等 ②防尘措施差，杂质及粉尘进入油箱 ③水与油混合（冷却器破损）	①采取合理的油箱内表面处理工艺 ②采取防尘措施 ③检查漏水部位并排除
3. 油箱内油液与空气难以分离	油箱设计不合理	油箱内设置消泡隔板将吸油和回油隔开（或加金属斜网）
4. 油箱振动、有噪声	①电动机与泵同轴度误差大 ②液压泵吸油阻力大 ③油液温度偏高 ④油箱刚性太差	①通过调整，减小同轴度误差 ②控制油液黏度，加粗吸油管 ③控制油温，减少空气分离量 ④提高油箱刚性

表 9-4　蓄能器的常见故障及其诊断排除方法

故障现象	产生原因	排除方法
1. 网式、烧结式滤油器滤芯变形	滤油器强度低且严重堵塞，通流阻力大幅增加，在压差作用下，滤芯变形或损坏	更换高强度滤芯或更换油液
2. 烧结式滤油器滤芯颗粒脱落	滤芯质量不合要求	更换滤芯
3. 网式滤油器金属网与骨架脱焊	锡铜焊料的熔点仅为183℃，而过滤器进口温度已达117℃，焊接强度大幅降低（常发生在高压泵吸油口处的网式滤油器上）	将锡铜焊料改为高熔点银镉焊料

第三节　液压系统共性故障及其诊断排除方法

液压系统常见的故障类型有执行元件动作失常、系统压力失常、系统流量失常、振动与噪声大、系统过热等。

一、液压执行机构动作失常故障及其诊断排除方法

液压缸、液压马达和摆动液压马达在带动其工作机构工作中动作失常是液压系统最容易直接观察到的故障[如系统正常工作中,执行元件突然动作变慢(快)、爬行或不动作等]。

二、液压系统流量失常故障及其诊断排除方法

液压系统流量失常故障及其诊断排除方法见表9-5。

表9-5　液压系统流量失常故障及其诊断排除方法

故障现象	产生原因	排除方法
无流量	电动机不工作	大修或更换
	液压泵转向错误	检查电动机接线,改变旋转方向
	联轴器打滑	更换或找正
	油箱液位过低	注油到规定高度
	方向控制设定位置错误	检查手动位置,检查电磁阀控制电路,修复或更换控制泵
	全部流量都溢流(串流)	调整溢流阀
	液压泵磨损	维修或更换
	液压泵装配错误	重新装配
流量不足	液压泵转速过低	在一定压力下把转速调整到需要值
	流量设定过低	重新调整
	溢流阀、卸荷阀调压值过低	重新调整
	流量被旁通回油箱	拆修或更换,检查手动位置,检查电磁阀控制电路,修复或更换控制泵
	油液黏度不当	检查油温或更换黏度合适的油液
	液压泵吸油不良	加大吸油管径,增强吸油过滤器的流通能力,清洗过滤器滤网,检查是否有空气进入
	液压泵变量机构失灵	拆修或更换
	系统外泄漏过大	旋紧漏油的管接头
	泵、缸、阀内部零件及密封件磨损,系统内泄漏过大	拆修或更换

故障现象	产生原因	排除方法
流量过大	流量设定值过大	重新调整
	变量机构失灵	拆修或更换
	电动机转速过高	更换转速正确的电动机
	液压泵规格错误	更换规格正确的液压泵
流量脉动过大	液压泵固有脉动过大	更换液压泵，或在泵出口增设吸收脉动的蓄能器或亥姆霍兹消声器
	原动机转速波动	检查供电电源状况，若电压波动过大，待正常后工作或采取稳压措施，检查内燃机运行状态，使其正常

三、液压油起泡故障及其诊断排除方法

液压油起泡故障及其诊断排除方法见表9-6。

表9-6 液压油起泡故障及其诊断排除方法

故障部位	产生原因	排除方法
吸油口	吸油管路泄漏	检查处理
	油箱液位过低	适量加油
液压泵及回油管路	液压泵转轴密封或吸油端密封损坏	检查更换密封件或进行处理
	回油管路未浸入油中	采取措施使回油管路浸入油中

四、液压系统的冲击及其控制

在液压系统中，由于某种原因引起的系统压力骤然急剧上升，形成很高的压力峰值，此种现象称为液压冲击。液压冲击时产生的压力峰值往往比正常工作压力高出几倍，故常使液压元件、管道及密封装置损坏失效，引起系统振动和噪声，还会使顺序阀、压力继电器等压力控制元件产生误动作，造成人身及设备事故。所以，正确分析并采取有效措施防止或减小液压冲击，对于高精度加工设备、仪器仪表等机械设备的液压系统尤为重要。

五、气穴现象及其防止

在液压系统中，由于绝对压力降低至油液所在温度下的空气分离压 p_g（小于一个大气压）时，使原溶入液体中的空气分离出来形成气泡的现象，称为气穴现象（或称空穴现象）。气穴现象会破坏液流的连续状态，造成流量和压力的不稳定。当带有气泡的液体进入高压区时，气泡将急速缩小或溃灭，从而在瞬间产生局部液压冲击和高温，并引起强烈的振动

及噪声。过高的温度将加速工作液的氧化变质。如果这个局部液压冲击作用在金属表面，金属壁面在反复液压冲击、高温及游离出来的空气中氧的侵蚀下将产生剥蚀（气蚀）。有时，气穴现象中分离出来的气泡还会随着液流聚集在管道的最高处或流道狭窄处而形成气塞，破坏系统的正常工作。

六、液压卡紧及其消除

因毛刺和污物楔入液压元件配合间隙的卡阀现象，称为机械卡紧；液体流过阀芯与阀体（阀套）间的缝隙时，作用在阀芯上的径向力使阀芯卡住，称为液压卡紧。轻度的液压卡紧，使液压元件内的相对移动件（如阀芯、叶片、柱塞、活塞等）运动时的摩擦增加，造成动作迟缓，甚至动作错乱的现象。严重的液压卡紧，使液压元件内的相对移动件完全卡住，不能运动，造成不能动作（如换向阀不能换向，柱塞泵柱塞不能运动而实现吸油和压油等）、手柄的操作力增大等。